身のまわりの水のはなし

斎藤 恭一 〔著〕

Understanding the Water in Our Lives

朝倉書店

SDGs とのつながり

安全な水とトイレを世界中に

国内外の山々から採れるおいしい水　**ペットボトルの水**

お腹を壊さない，おいしい水　**水道水**

台所，トイレ，風呂から流れ出る水の行方　**家庭排水**

産業と技術革新の基盤をつくろう

徹底的にキレイな水で洗って作るスマホ部品　**超純水**

つくる責任つかう責任

地球の豊かさを守るレアメタルのリサイクル　**都市鉱山水**

いつも同じ味と色のお茶を淹れる工夫　**お茶の水**

海の豊かさを守ろう

海の豊かさは魚だけではない：食塩，ウラン，そして水　**海水**

福島の海を放射能で汚さない技術　**原発汚染水**

陸の豊かさも守ろう

千葉の地下深くに閉じ込められた大量のヨウ素　**古代海水**

はじめに

　「水の惑星，地球」とたまに聞きます．表面積の7割が海であると教わります．元をたどれば人類も海から生まれてきたようです．

　普段，日本で生活していると，断水にでもならないかぎり，水不足で困ることはありません．幸せな国です．歯磨き粉などを製造している会社を経営している友人から「歯磨きに水を使わない国も世界にはあるよ」と聞いて，私は驚きました．

　私は，約35年間，大学の教員として学生の「卒業研究」や「修士・博士論文作成」の指導をするために研究をしてきました．研究の課題(テーマ)は水に関することばかりでした．これまでに取り扱った水を分類してみると3分類になりました．「利用する水」，「製造する水」，そして「処理する水」です．しかも，その研究のために高分子製の吸着材を自作して，学生そして民間企業の技術者と一緒に，課題の解決を試みてきました．

　例えば，富士山の湧き水には $60\,\mu\mathrm{g/L}$ の濃度でバナジウムが溶けていると知って，タンニン酸という物質を固定した高分子製繊維を詰めた円筒容器に湧き水を流通させてバナジウムを捕集しました．バナジウムはレアメタルの一つだからです．

　福島第一原子力発電所のメルトダウン事故から11年が経ちました．汚染水処理のために，フェロシアン化コバルトという不溶性の無機化合物の沈殿をナイロン繊維の表面に固定して，福島第一原発の港湾の汚染海水に浸したり，汲み上げた地下水を流通させたりして除染に役立てました．

　水に溶けている物質の多くはイオンとして溶けていますので，さまざまな身のまわりの水を理解するにはイオンを知ることも必要です．この本では，身のまわりの水やそれに溶けているイオンを知り，それを吸着材で捕まえて，有用な物質を捕集したり，有害な物質を除去したりします．材料開発やシステム設計の話も加えました．

　読者の皆さんが「知らなかったなあ」,「そうだったんだ」という感想をもっていただける本になっていると信じています.

　2022 年春

斎 藤 恭 一

謝　　辞

　この本の内容を先輩，友人，後輩に校閲していただきました．貴重なコメントとともに，修正加筆が必要な多くの箇所を指摘していただきました．心から御礼申し上げます（敬称略）．

　　浅井志保 (研究開発法人 産業技術総合研究所)
　　浅倉　聡 (伊勢化学工業 (株))
　　川勝孝博 (栗田工業 (株))
　　川本裕之 (伊勢化学工業 (株))
　　神原晴佳 ((株) 環境浄化研究所)
　　久保田 昇 (旭化成 (株))
　　合田康秀 (ナイカイ塩業 (株))
　　塩野貴史 (キリンビバレッジ (株))
　　正司信義 (元 AGC (株))
　　常田　聡 (早稲田大学大学院)
　　林　浩志 (三菱マテリアル (株))
　　三浦喬晴 (ラドテック研究会)
　　山田伸介 ((株) イノアックコーポレーション)
　　吉川直人 (公益財団法人 塩事業センター)
　　若林英行 (キリンホールディングス (株))

　鷲尾方一教授（早稲田大学）から，筆者が自由に活動できる機会と環境をいただいています．ありがとうございます．
　筆者が勤務している会社 ((株) 環境浄化研究所) は，サンエス工業 (株) と協力して，放射線グラフト重合法を適用した吸着材を開発してきました．この本で登場する水を相手にして，役に立つ吸着材の大量製造を次の皆さんが成功させました (敬称略).

　　須郷高信，鈴木晃一，藤原邦夫，正田哲也，長井伸人，白石朋文
　　太田博之，神原晴佳，清水　威，板垣龍人，高橋　淳，大前健一

目　　次

安全な水とトイレを世界中に　　　　　　　　　　　　　　　1

産業と技術革新の基盤をつくろう　　　　　　　　37

つくる責任つかう責任　　　　　　　　　　　47

1

国内外の山々から採れるおいしい水

(写真提供: Shutterstock)

ペットボトルの水

日本は山だらけである．山に降った雨が土や岩を浸み透って清い水になる．得られる清水にはカルシウムやマグネシウムが多くは溶けていないので，日本の清水は軟水に分類される．多く溶けていれば硬水と呼ばれる．いずれにしても天然の恵みである．

登場元素: V (バナジウム), U (ウラン), Ca (カルシウム),
Mg (マグネシウム), Cu (銅), Ni (ニッケル)

登場化合物: カフェイン, タンニン酸, 炭酸カルシウム ($CaCO_3$),
エチレンジアミン四酢酸 (EDTA)

富士山の湧き水 ••••••••••••••••••••••••••••••••

富士山の湧き水には，そんなにバナジウムが溶けているんだ

••

　スーパーマーケットに出かけると，ペットボトルに入った水がさまざまなブランドで売られている．そのなかに，富士山の湧き水がある．例えば，「富士山麓のおいしい天然水」，「富士山のバナジウム天然水」，「富士山天然水バナジウム含有」という名で並んでいる．**バナジウム**入りが売りだ．しかし，バナジウムの医学的効用はまだ証明されていないようである．

　千葉大学のキャンパスがある JR 総武線西千葉駅の，大学と反対側に SEIYU というスーパーマーケットがある．そこで売っていた富士山天然水のペットボトル水のカバーシールに記載されている成分表を見て，私はびっくりした．「1 L 中に 60 μg もバナジウムが入っている！」この濃度は海水中の**ウラン**の濃度 (3 μg–U/L) の 20 倍だからだ．

　1 L に 60 μg となると，当たり前ながら，その 1000 倍の 1 t に (一辺の長さ 1 m の立方体の容器に入れた富士山天然水の中に) 60 mg もバナジウムが溶けているわけである．バナジウムは，日本ではどうやら富士山の湧き水にだけ溶けているようだ．富士山の裾野を形成する**玄武岩**層を透過していく水にバナジウムが溶け込むと言われている．福島県にある「宝の山」会津磐梯山の湧き水にはバナジウムは溶けていない．アメリカのカリフォルニア州の霊峰マウント・シャスタから採った「クリスタルガイザー」(大塚食品) というブランドの水にも 1 L に 55 μg の濃度でバナジウムが溶けている．

> **keyword**
>
> **バナジウム**： 元素記号 V．安くて強い鋼を作るための添加剤や硫酸製造の触媒として使う．中国，南アフリカ，ロシア，アメリカの 4 か国で世界の 90%超を産出している．
>
> **ウラン**： 元素記号 U．天然には，質量数 238 と 235 の U がそれぞれ 99.3%と 0.7%存在する．質量数 235 の U を濃縮すると，その程度によって原子力発電所の燃料になったり，原子爆弾の部材になったりする．
>
> **玄武岩**： 岩石は，火成岩，堆積岩，そして変成岩に大きく分類される．玄武岩は火成岩の一つで，マグマが急速に冷えて固まってできる岩石である．

富士山の湧き水 • • • • • • • • • • • • • • • • • •

それなら捕集してバナジウム資源にしよう

• •

　私は 20 年間，「そんなに薄い成分を採って利用するのは無理だよ」と言われながら，海水からウランを捕集し，**原子力発電の燃料**として利用しようと研究してきた．たしかに，このプロジェクトは未だに実用化されていない．ここで，「無理だよ」と言うのには 3 つの理由がある．

(1) ほとんどの元素が溶けている海水中でウランだけを選り好みして捕まえる吸着材を作るのがたいへん．作製できたとしても，相互作用が強すぎてこんどは吸着材からウランを外せなくなる．

(2) ウランが薄いので，吸着材中のウラン濃度 (ウラン含有量) を高めるのに時間がかかる．それでもウランの捕集速度を稼ぐには大量の吸着材が必要になる．

(3) 海水中の他の成分，例えば，カルシウムやマグネシウムのイオンがウランに混ざって吸着材に捕捉される．そのため，塩酸や硫酸を使って吸着材から外した後に，その酸の中でウランを他の成分から分ける必要がある．

　「富士山湧き水バナジウムの捕集」を，「海水ウランの捕集」と比べたとき，上記の (2) と (3) の事情が異なる．海水 1 L には 35 g 程の塩類 (NaCl をはじめとするたくさんの無機化合物) が溶けていて，これは重量でウランの 10 の 7 乗 (1000 万) 倍の量である．一方，富士山湧き水には 1 L に 100 mg 程しか塩類が溶けていないから，重量でバナジウムの 1700 倍程の量に過ぎない．

　「これはいいぞ！」ウラン捕集で苦労した私は興奮した．バナジウムは**レアメタル**に指定されていて，**高張力鋼**の成分や硫酸製造の**触媒**として利用されている．バナジウムの産出国は，中国，南アフリカ，ロシア，そしてアメリカの 4 か国に偏っている．埋蔵量は中国，ロシア，南アフリカに集中している．当然，日本のバナジウム資源の海外依存度は 100%である．「よっし！　国内産のバナジウムの誕生だ！」と一人で盛り上がった．

keyword

原子力発電の燃料: 原子力発電所は，質量数 235 のウラン (^{235}U と表記) の核分裂反応に伴って発生する熱を利用して電気をつくっている．その燃料は ^{235}U が 3〜5%までに濃縮されたウランである．

レアメタル: レアなメタル，希少金属のこと．出回っている量は，鉄や銅に比べて少ないけれども，日本の産業にとって重要な金属 31 種類を選んで名付けた日本独自の用語．一方，レアアース (希土類元素) は世界で通用する用語．

高張力鋼: 合金成分を添加したり，製造条件を制御したりして，一般の圧延鋼材よりも強度を向上させた鋼材．上には上があって強靱鋼，超強力鋼も開発されている．

硫酸: 化学式 H_2SO_4．塩酸 (HCl) と並んで，よく使用される強い酸．その濃さによって，濃硫酸と希硫酸がある．

触媒: 化学反応の速度を調節できる物質．加速させることが多い．私たちの体内で働く消化酵素も触媒の一つである．特に，酵素は生体触媒と呼ばれる．

富士山の湧き水

タンニン酸でバナジウムを捕まえる

残された課題は吸着材の調達である．これが偶然に作製できた．飲料製造会社の K 社から「**カフェイン**を捕捉できる吸着材，ありませんか？」という問い合わせがあった．その候補として**ポリフェノール**の一つである**タンニン酸**を固定した繊維を作製した．タンニンとカフェインが沈殿を形成するという性質を利用しようとした．タンニン酸の 1 分子内には 25 個のフェノール性水酸基が含まれている (図 1.1)．

しかし，タンニン酸固定繊維 (タンニン酸の含有率 25%) はカフェインを期待したほどには捕捉せず，お蔵入りになる直前であった．そんなときに，布に固定したタンニン酸とバナジウムとが**錯体**をつくり，「スーパーブラック」という色を出せるという，山梨県産業技術センター富士技術支援センター (通称，シケンジョ) の研究成果の PR をインターネットで見つけた．「ようし，これでバナジウムが採れる！」ここで，タンニン酸とバナジウムと富士山湧き水がつながった．調べていくと，タンニン酸は，金属イオンを**還元**したり，金属イオンと**イオン交換**したりすることによって，金属イオンを捕捉することがわかった．

早速，タンニン酸固定繊維を作製していた山上和馬君 (当時，学部 4 年生) が

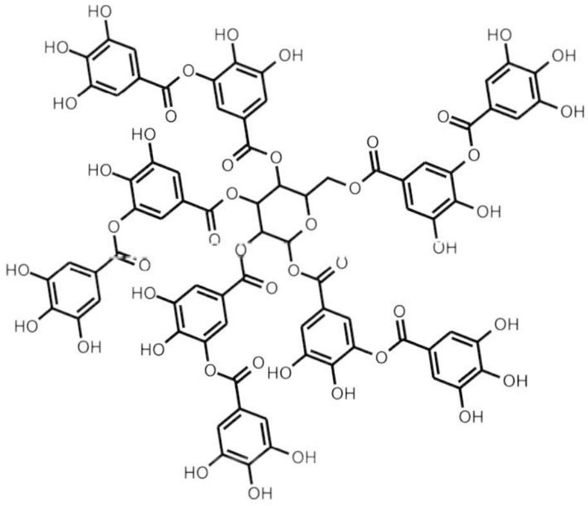

図 1.1 タンニン酸の化学構造

喜び勇んで，市販の富士山湧き水 1 L に 1 g のタンニン酸固定繊維を投入した．すると，バナジウムを 100% 捕まえた．さらに**塩酸**でそれをすべて外すと，バナジウムを繰り返し捕捉することがわかった．

　ここまで来て，富士山湧き水中のすべてのバナジウムを全部捕まえたとして，日本のバナジウムの年間使用量のどのくらいを賄えるのかを計算してみることにした．富士山湧き水を一日 480 万 t（一年 1.8×10^9 t）と見積もった[1]．

$$4.8 \times 10^6 \,(\mathrm{t/}\text{日}) \times 365 \,(\text{日/年}) \times 60 \times 10^{-3} \,(\mathrm{g\text{-}V/t}) \times 10^{-6} \,(\mathrm{t\text{-}V/g\text{-}V})$$

$$= 105 \,\mathrm{t\text{-}V/}\text{年}$$

今度は，日本の年間のバナジウム需要を調べたら約 4800 t–V（2017 年）だった[2]．

　「日本だけでなんでそんなにバナジウムが必要なんだ！ 富士山の湧き水全量からでも足りないぞ！」と，いまさらがっかりしてもしようがない．このくらいのことは初めから考えるべきことであった．

　研究者は一度立ち止まって，頭を冷やして，取り組んでいる課題に対して「なぜなの，どうやるの」という疑問を自分に投げかけないといけない．これだけ多くの研究者・技術者が世界にいて「この程度のことはだれかが，すでに考えているはず！」と謙虚になることが必要だ．自戒である．

　海水ウランの捕集と比べてみよう．海水ウランは**黒潮**で運ばれる海水から捕集する．黒潮の流量から黒潮が運んでくる年間のウラン量を計算してみる．国土交通省気象庁の発表データ（2019 年 5 月 20 日）によると，東経 137 度線（志

摩半島大王崎の南東沖) を横切る黒潮の流量は約 $30 \times 10^6\,\mathrm{m^3/}$秒.

$$30 \times 10^6\,(\mathrm{m^3/}秒) \times 24\,(時/日) \times 3600\,(秒/時) \times 365\,(日/年) = 1 \times 10^{15}\,\mathrm{m^3/}年$$

この値にウラン濃度 $(3\,\mathrm{\mu g{-}U/L} = \mathrm{mg{-}U/m^3})$ を掛け算すると, 日本近海に黒潮が運んでくる年間のウラン量は

$$1 \times 10^{15}\,(\mathrm{m^3/}年) \times 3 \times 10^{-3}\,(\mathrm{g{-}U/m^3}) \times 10^{-6}\,(\mathrm{t{-}U/g{-}U}) = 3 \times 10^6\,\mathrm{t{-}U/}年$$

300 万 t と計算された. 2011 年の東京電力福島第一原子力発電所の**メルトダウン**事故前は, 日本の年間のウラン消費量は約 1 万 t と推定すると, 0.3%を黒潮海水から捕集すればウラン資源を自給自足できる計算だ.

　濃度だけを考えると, 富士山湧き水からバナジウム $(60\,\mathrm{\mu g{-}V/L})$ を捕集するほうが, 海水からウラン $(3\,\mathrm{\mu g{-}U/L})$ を捕集するより有利である. しかし, 利用できる水の量にそれを補って余りある差があった. 年間の水の量を比べると, 富士山湧き水 $(1.8 \times 10^9\,\mathrm{m^3})$ vs 黒潮水量 $(1 \times 10^{15}\,\mathrm{m^3})$ であった. 富士山湧き水からバナジウム資源を日本で自給自足する夢は幻となり, 残念無念.

谷川連峰の湧き水 ••••••••••••••••••••••••••••••••••••

湧き水はそのままおいしく飲む

••

　溶けている成分を捕集しようといった余計なことをしないで, ひとまず湧き水はそのまま飲んだほうがよさそうだ. 私が飲んできたペットボトル水は, 大清水, Volvic, evian, そして Contrex である.「最近,『大清水』を見かけなくなったなあ?」と思っていたら,「From AQUA」という名に変わっていた.「From AQUA」の容器のシールには「谷川岳一の倉沢」の写真をバックに「**谷川連峰の天然水**」と書いてある.

　上越新幹線の大清水(だいしみず)トンネル (1971 年着工) の掘削中に湧き出た水を工事関係者が飲んで, とてもおいしかった. この湧き水を「大清水」のブランドで国鉄 (現在, 東日本旅客鉄道 (株)) が売り出した. ここでは「大清水」は濁音を嫌って「だいしみず」とは読まずに「おおしみず」と読む.

　「大清水」は JR 東日本の駅ホームの自販機に必ず並んでいた. しかも, 他

のメーカーの水よりも少なくとも 10 円安い価格だった．私は西千葉駅の階段をホームまで上がって，電車を待つまでに自販機の「大清水」を，特に夏，愛飲した．その「大清水」は今は「From AQUA」だ．

> **keyword**
>
> **カフェイン**: コーヒー，紅茶，緑茶，ウーロン茶，ココアなどの飲料に天然成分として含まれている．コーラや栄養ドリンクにはカフェインが添加されている．眠気を覚ます効果があるが，副作用として不眠になることがある．
>
> **ポリフェノール**: 多数 (「ポリ」) のフェノール性水酸基を分子内にもつ植物成分．ほとんどの植物に含まれていて，代表的なポリフェノールに，タンニンとフラボノイド (カテキンやアントシアニンなど) がある．
>
> **タンニン酸**: ポリフェノールの一種．金属イオンと結合する．例えば，第二鉄 (III) イオンとタンニン酸が結合してできるタンニン第二鉄は，黒色の不溶性物質である．これはお歯黒として江戸時代に使われていた．
>
> **錯体**: 金属でない原子が金属に結合した構造をもつ化合物の総称．このとき，金属でない原子は「配位子」と呼ばれる．錯体の例には，血液中で酸素の運搬を担っているヘモグロビン (金属: 鉄) と植物で光合成を担っているクロロフィル (金属: マグネシウム) がある．
>
> **還元**: 化学反応の種類の一つに酸化還元反応がある．酸化も還元と同時に起きる．
>
> **イオン交換**: 陽イオン (例えば，H^+) と陽イオン (例えば，Na^+)，または陰イオン (例えば，OH^-) と陰イオン (例えば，Cl^-) が入れ換わる現象．
>
> **塩酸**: HCl という化学式からわかるように，塩素と水素を反応させて生じる塩化水素ガスを水に溶かすとできる強い酸．硫酸 (H_2SO_4) と並んで，多くの用途がある．その濃さによって濃塩酸と希塩酸がある．
>
> **黒潮**: 沖縄から千葉県房総半島に向かって太平洋を流れる暖流．
>
> **メルトダウン**: 炉心溶融．原子力発電所の原子炉に設置したウラン燃料棒が高温になって融けること．最悪の事故となる．
>
> **谷川連峰**: 群馬県と新潟県の県境の山々．その山の一つが谷川岳 (双耳峰であり，オキの耳 (1977 m) と，トマの耳 (1963 m) がある).

谷川連峰の湧き水

ハードな水とソフトな水

水の硬さを表す尺度が硬度である．同じ名称での「材料の硬度」なら，材料を引っ掻いてみて測る．一方，「水の硬度 (アメリカ硬度)」は**カルシウム** (Ca) と**マグネシウム** (Mg) がおもな成分のときには次式で計算される．

$$\text{硬度} = [\text{Ca}] \times (100/40) + [\text{Mg}] \times (100/24)$$

ここで，$[\text{Ca}]$ と $[\text{Mg}]$ は，それぞれ Ca と Mg の濃度を表す．濃度の単位には mg/L を用いる．式中の数字 40，24，そして 100 はそれぞれ Ca と Mg の原子量，そして炭酸カルシウム ($CaCO_3$) の式量である．言い換えると，Ca と Mg の濃度を炭酸カルシウムに換算して足すと，硬度の値が出る．

世界保健機関 (WHO, World Health Organization) が水を硬度によって次のように分類している．

- < 17.1 : soft   軟らかい
- $17.1 \sim 60$: slightly hard   わずかに硬い
- $60 \sim 120$: moderately hard   中くらいに硬い
- $120 \sim 180$: hard   硬い
- $180 <$: very hard   とても硬い

そこで，ペットボトル水の硬度 (単位: mg/L) を調べてみた．

- From AQUA: 20
- 南アルプスの天然水: 30
- Volvic: 60
- evian: 304
- Contrex: 1468

「From AQUA」の栄養成分表示 (100 mL 当たり) の値から硬度を計算してみよう．

- カルシウム: 0.71 mg
- マグネシウム: 0.12 mg
- 採取地: 群馬県利根郡みなかみ町
- 販売者: (株) JR 東日本ウォータービジネス

$$\text{硬度} = [\text{Ca}] \times (100/40) + [\text{Mg}] \times (100/24)$$
$$= 7.1 \times (100/40) + 1.2 \times (100/24) = 23 \, \text{mg/L}$$

ここで，$[\text{Ca}]$ と $[\text{Mg}]$ の単位は mg/L なので，$[\text{Ca}]$ と $[\text{Mg}]$ には栄養成分表示の 100 mL (0.1 L) 当たりの値を 10 倍して代入した．その結果，ラベルに記載の硬度約 20 mg/L と一致した．

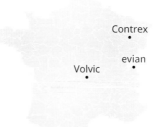

図 1.2　フランスの採水地

　日本の食品安全委員会 (2017 年) によれば硬度 60 までは軟水と呼んでいる．よって，「From AQUA」も，フランス中部オーヴェルニュ地方のヴォルヴィック村の水源から採る「Volvic」も軟水に分類される．一方，フレンチアルプスに位置するエヴィアン・レ・バン近くの水源から採る「evian」とフランスのヴォージュ県コントレクセヴィルの湧き水「Contrex」は硬水である (図 1.2)．

　アルカリ土類元素に属する Ca や Mg が水の中に多く溶けていると，石鹸の泡立ちがわるくなる．それは石鹸中のカルボキシ基 (–COOH) が Ca^{2+} や Mg^{2+} と反応して，水に溶けない「石鹸垢」ができて，水中に溶けている石鹸の「有効」濃度が減るからだ．

$$2\,RCOONa + Ca^{2+} \rightarrow [R(COO)]_2Ca + 2\,Na^+$$

そこで，石鹸垢を作らせない策が「イオン封鎖」という手法．Ca^{2+} や Mg^{2+} を他の化学物質で取り囲んで，石鹸とは反応しないようにする方法である．それには，その化学物質は石鹸よりも Ca^{2+} や Mg^{2+} を捕まえる能力が高いことが必要だ．

谷川連峰の湧き水

エデト酸を使ってハードな水をソフトに

　1 分子内に**カルボキシ基** (–COOH) が 4 つもある化学物質，それが EDTA である (図 1.3)．日本語名はエチレンジアミン四酢酸．

　ethylenediaminetetraacetic acid の文字をピックアップして EDTA．こうい

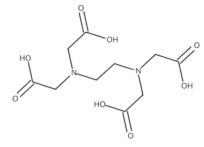

図 1.3 EDTA の化学構造

うときの読み方は無理をしないで「イーディーティーエー」とすればよかったものを，A は acid で「酸」というので，EDT 酸としてから「エデト酸」と日本語で読むことにした．私がしたのではなく，先人がそうした．

「ミューズ」(製造販売元：レキットベンキーザー・ジャパン (株)) という赤い紙箱に入った薬用石鹸を買ってきた．箱背面に記載の有効成分に「エデト酸塩」とある．これは EDTA のナトリウム塩のことだ．なにせ 4 つのカルボキシ基があるので，EDTA への Na^+ の入りかたも 1〜4 個まである．EDTA–Na，EDTA–2 Na，EDTA–3 Na，EDTA–4 Na と最近の石鹸，シャンプーやリンスの成分表では，こちらの表示である．私はスーパーマーケットに行くと，シャンプー・リンスのコーナーに行き，詰め替え袋の裏面の成分表を見て「入っている，入っている EDTA」とつぶやいている．洗髪で泡立ちがよいのは，少しは EDTA のおかげだろう．

EDTA が Ca^{2+} や Mg^{2+} を捕まえる構造がユニークだ．新体操のボール競

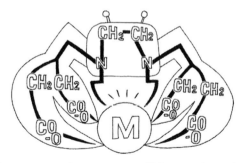

図 1.4　EDTA がつくるキレート構造. M は金属を表す.

技の一つの形に似ている. ボールを Ca^{2+} と見なすと, 競技者の 4 つの手足が EDTA 中の 4 つのカルボキシ基, さらに背中が EDTA の窒素 (N) 部分. 全身でボールを包み込む. EDTA が登場した当時は新体操競技がなかった. そこで, カニが 2 つのハサミで物を挟んでいる形に似ているので, カニのハサミを表すギリシャ語からキレートという名前を付けたという (図 1.4).

　EDTA は選択的に (選り好みして), アルカリ土類金属イオン (例えば, Ca^{2+} や Mg^{2+}) や重金属イオン (例えば, Cu^{2+} や Ni^{2+}) を捕捉するので, 水中のそれらのイオンの量を測るための**キレート試薬**としても利用されている. 大学で化学系の学科に進学すると, 学生実験で**キレート滴定**という実験項目が必ず登場する. キレート滴定は中和滴定, 沈殿滴定, 酸化還元滴定とともに「四大滴定」の一つである.

　選り好みの度合いを数値で表すと,

$$M + L \rightleftarrows ML$$

ここで, M と L はそれぞれ金属と EDTA を表す. このキレート形成反応について, 右方向への反応の進みの度合いを示すために, 次の**平衡**定数を定義している. 別名, 安定度定数である.

$$K = \frac{[ML]}{[M][L]}$$

ここで, [M] は金属濃度, そして [ML] は金属と EDTA が形成するキレート ML の濃度である. 金属の種類によって, この安定度定数の値に大きな差がでる. 例えば, Ca^{2+}, Mg^{2+}, Cu^{2+}, そして Ni^{2+} の安定度定数の 10 の右肩に乗る数

字 (乗数) は，それぞれ，10.96，8.69，18.80，そして 18.62 である．この値が大きいほどキレートを形成する割合が増える．

・・谷川連峰の湧き水・・

繰り返して軟水化できるポリマー

・・・

　エデト酸塩 (EDTA のナトリウム塩) は，石鹸やシャンプーと水中に共存して，Ca^{2+} や Mg^{2+} を捕まえた後には，水とともに風呂場の排水口に流れていってしまう運命だ．使い捨てになる．

　もとの硬水から Ca^{2+} や Mg^{2+} を除去して軟水にしておくと便利だ．この操作を軟水化と呼ぶ．しかもエデト酸塩を水に溶かさないで済む方法が考案された．「イオン交換法」である．

　軟水化のために，水に溶けない物質 (固体)，なかでも，軽い固体として**高分子**を使うことにする．高分子というのは長い分子の鎖なので分子量が大きくなる．だから，高分子と呼ぶ．

　高分子鎖が液体中で広がっていたら，高分子は溶けている状態だ．溶けずに形が見える固体の高分子にしておくには 2 つの方法がある．高分子を架橋すること，そして溶けない高分子鎖に溶ける高分子鎖を接ぎ木することだ (詳細は第

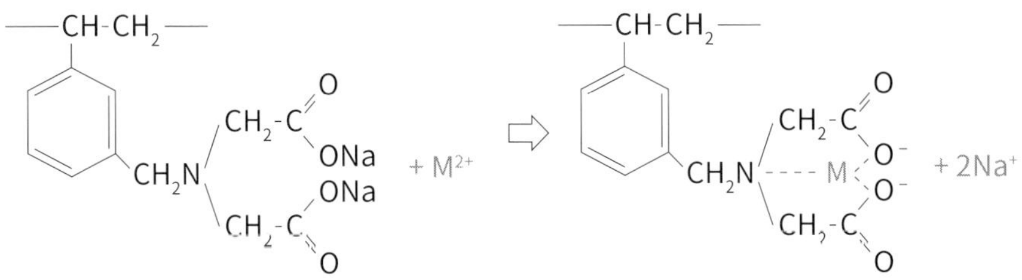

図 1.5　キレート樹脂によるアルカリ土類金属の捕捉

11 章参照). ここで,「接ぎ木」は「つぎき」と読む. 私は初め, 読めなかった.

　カルボキシ基を 2 個, 高分子鎖に導入しておくと, そこがカニのハサミ構造になって, 二価の金属イオンを捕捉してくれる (図 1.5[3)]). そうした化学構造の一つがイミノジ酢酸基. ちょうど, EDTA の半分の構造だ. 水に溶けているイオンを一価でも二価でも, 選り好みせずに捕捉してよいなら, スルホン酸基 ($-SO_3H$). この化学構造を高分子鎖に導入すると, 一価の金属イオンなら 1 つのスルホン酸基で, 二価の金属イオンなら近くのもう一つのスルホン酸基と協力して捕まえる.

　高分子鎖に捕捉された金属イオンは, 塩酸や硫酸を使うと, 次の反応に従って, 高分子鎖から外れる. 同時に, イミノジ酢酸基やスルホン酸基は再び, 水素イオン H^+ がついた形に生き返って金属イオンを捕捉できるようになる. この操作を「再生」と呼ぶ. その名のとおり, 生き返って再び, Ca^{2+} や Mg^{2+} を捕まえるようになる.

$$R-N(CH_3COO)_2M + 2H^+ \rightleftarrows R-N(CH_3COOH)_2 + M^{2+}$$

$$[2(R-SO_3)]M + 2H^+ \rightleftarrows 2R-SO_3H + M^{2+}$$

> **keyword**
>
> **高分子**:　分子の重さを示す分子量が 1 万を超える分子. 合成された高分子もあれば, 天然に存在する高分子もある. 分子の単位である単量体 (モノマーと呼ぶ) が多数 (英語で「ポリ」) つながった構造なのでポリマーとも呼ぶ.

◆清水，新清水，そして大清水トンネル

　トンネル工事に伴って湧き出した天然水をペットボトルに充填したのが「大清水」．上越新幹線 (1982 年新潟–大宮間，1985 年大宮–上野間，1991 年上野–東京間が開通) は，田中角栄の「日本列島改造論」(1972 年) から生まれた，東京と新潟を結ぶ鉄道である．東京駅を出発し，埼玉県へ進み，群馬県に入るとすぐに高崎駅到着の予告アナウンスが入る．車窓の左右に山が連なっている．私は毎週のように仕事で高崎に行くのでこの辺りに詳しい．

　高崎を出て左，上信越・北陸方面に進むのが北陸新幹線 (2015 年高崎–金沢間が開業)．高崎を出て右に進むと新潟方面．上越新幹線の「上毛高原駅」と「越後湯沢駅」の間の谷川連峰の地下を貫くトンネルが「大清水トンネル」(22.2 km と覚えやすい全長) だ．ここで「大清水」は「だいしみず」と読む．

　地図を開くと，「大清水トンネル」と少し離れて平行に「清水トンネル」と「新清水トンネル」がある．これらのトンネルを上越線が走る．「国境の長いトンネルを抜けると雪国であった」という川端康成の『雪国』の冒頭の文のトンネルが，この「清水トンネル」だ．ついでに，サイデンステッカー (Seidensticker) の英語訳は，The train came out of the long tunnel into the snow country.

2

お腹を壊さない，おいしい水

(写真提供: Shutterstock)

水道水

ダムが干上がると，川の水量が減り，川からの取水が制限される．
さらに，深刻になると水道が断水になる．そうなって改めて，地下
水は別として水道水は川の水からつくられていることに気づく．浄
水場は河川水から安全な水道水を製造する施設と言える．そこでは，
水がすぐには腐らないように塩素殺菌を実施している．

登場元素: Pb (鉛)，Cl (塩素)，F (フッ素)，Ca (カルシウム)，
Mg (マグネシウム)

登場化合物: ポリ塩化アルミニウム，塩素ガス (Cl_2)，次亜塩素酸
ナトリウム (NaClO)，苛性ソーダ (水酸化ナトリウム，
NaOH)，塩化ナトリウム (NaCl)，水素ガス (H_2)，
重曹 (炭酸水素ナトリウム，$NaHCO_3$)

家庭用浄水器の登場

第7章で紹介する海水ウラン捕集用の吸着材を作るときに，出発材料として，二菱レイコン (株) (現在，三菱ケミカル (株)) 製の**ポリエチレン製多孔性中空糸膜**を使用した (第11章参照). **放射線グラフト重合法**を適用するには，出発材料の材質としてポリエチレンが最適と教わり，この素材を見つけた. この素材は**家庭用浄水器**の中枢の部材だった.

当時 (30年前)，家庭用浄水器のトップメーカーは三菱レイヨンで，その商品名は「クリンスイ (Cleansui)」だった. 三菱レイヨンに電話すると，「はい，クリンスイの三菱レイヨンです」と応えていた程のヒット商品であった. 研究室の水道の蛇口にもクリンスイを取り付けて使っていた. その後，同じ蛇口直結型の家庭用浄水器として東レ (株) が「トレビーノ」を発売した. さらに，テーブルに置いて使うポット型の浄水器としてドイツから「BRITA」が登場した.

そうしたわけで「家庭用浄水器」に私は詳しくなった. スーパーマーケットの浄水器のコーナーで，パンフレットを取って熱心に読んでいる人は私かもしれない. そういう人を見かけたら声をかけてください. ここでは，浄水器を紹介してから，水道水の作り方を説明したい.

鉄錆の味がした研究室の水

大学の助手になってから10年間程勤めた研究室は，工学部5号館という名称の，横に長い大きな7階建ての建物にあった. 私の実験室兼居室はその建物の地階にあった. 連休明け初日の朝に水道の蛇口をひねると，オレンジジュースを薄めたような色の水が，ステンレス製のシンクの底で勢いよく跳ねた.

その建物は高度経済成長期につくったのだろうから，水道管の内部は相当に錆びついているに違いない. また，水道水はいったん，建物屋上の**「高架水槽」**と呼ばれる貯水タンクに汲み上げてから各階に分配されている. 地階となると，配管を流れる距離は他の階よりも長い. その証拠に，他の階が水を使っていな

い早朝には，蛇口を少しひねっただけで水が勢いよく出る．連休中に「全階」で水を止めていると，連休明けには地階の水は錆「全開」になる．

　高架水槽に汲み上げる水道水は十分に飲める水なのに，自分の居室の蛇口から出てくる水はとても飲めない．少しだけ口に含むと，手指の擦り傷で血が出て，あわてて舐めたときのあの鉄分の味だ．オレンジ色の水の味の正体は鉄錆だろう．

　高架水槽は金魚用水槽とは違って，建物全体を担当するのだから大きい．超高層ビルならなおさらだ．「タワーリング・インフェルノ」(The Towering Inferno，日本語訳「そびえ立つ地獄」) いうアメリカ映画 (1974 年) では，サンフランシスコの 138 階建てのビルの高架水槽に爆弾を仕掛けて，貯まっていた水を階下に流して，燃え盛るビルを鎮火させる場面が結末になっている．

---

keyword

ポリエチレン:　エチレン (CH_2＝CH_2) を重合して得られる高分子．私たちの最も身近にある合成高分子の一つ．ポリ袋や容器に使用されている．密度の違いによって，透明な低密度ポリエチレンと半透明な高密度ポリエチレンに分けられる．

多孔性中空糸膜:　孔が開いた構造をもつマカロニ状の膜．

放射線グラフト重合法:　すでに存在する高分子の性質を変えるための手法．まず，放射線 (電子線やガンマ線) を高分子に照射して，高分子の鎖の一部を切断して活性点 (ラジカル) をつくる．つぎに，その活性点と反応する二重結合をもつビニルモノマーを接触させ，反応を繰り返し起こさせ，高分子の鎖に成長させる．その結果として得られた材料は活性点から高分子鎖を接ぎ木 (英語名でグラフト) した構造になる．

家庭用浄水器:　水道水に溶解している金属イオンや有機化合物，および混入する鉄錆や菌の除去を目的に製作された浄水器．溶解物質は活性炭やイオン交換樹脂を使って吸着除去し，鉄錆や菌は多孔性中空糸膜を使って濾過除去する．蛇口に取り付けて使う．

高架水槽:　高層の建物 (オフィスビルやマンション) で使う水は，地上から屋上にポンプで揚げて，大きなタンク (槽) にいったん，貯蔵される．そこから，各階に水が供給される．そのタンクが高架水槽である．

家庭用浄水器の内部構造

　身の安全を考えて，早速，三菱レイヨンの家庭用浄水器「クリンスイ」を購入
した．蛇口に直接取り付ける型はまだ販売されていなかった．蛇口の脇に箱型
の浄水器を設置して蛇口に連結した．浄水器の出口からスムーズに流れ出る水
はおいしかった．まさに浄水が出てきた．「クリンスイ」は clean を「クリン」，
水を「スイ」と読んでつなげて名付けたのだろう．

　この浄水器の内部構造を図 2.1 に示す．浄水器は「**活性炭充塡層**」と「**多孔
性中空糸膜モジュール**」とからできている．まず，水道水は活性炭充塡層に向
かう．水道水が活性炭の粒と粒の間を流通する間に，水中に溶けている有機物
は活性炭の外部表面に吸着，あるいは孔に入っていきその内部表面に吸着する．
活性炭表面は疎水性なので，どちらかと言うと疎水性の有機物，例えば，**ベンゼ
ン**環を有する化合物が吸着する．活性炭の表面積は 1 g 当たりに 1000〜2000 m^2

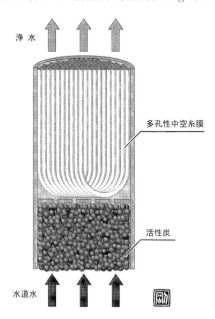

浄　水

多孔性中空糸膜

活性炭

水道水

図 2.1　浄水器の内部構造 (活性炭充塡層と多孔性中空糸膜モジュール)

程だから，吸着容量が大きく，活性炭は長持ちする．

　活性炭充填層から抜けた水は，つぎに，「多孔性中空糸膜モジュール」に至る．モジュールとは多孔性中空糸膜の「集合体」のことだ．集合体といっても，膜なので両側が隔てられている．中空糸 (マカロニの形をした糸，内径と外径は，それぞれ $270\,\mu m$ と $380\,\mu m$) 状で，中空糸の外面側と内面側の間の膜厚の部分は多孔性高分子でできている．しかも多数のポリエチレン製の中空糸が U の字状に束ねられていて，その U の字の束上部 $5\,mm$ 程だけは外面側が接着剤で固められ，つながっている．

　外面側に水圧がかかると，中空糸の外面から内面へ向かって孔を通って水が透過する．この膜の外面には $0.1\,\mu m$ 程の縦長孔が開いていて，孔より小さいイオンは通すけれども，大きい鉄錆や大腸菌は引っかかる．透過した水は中空糸の U の字の上部内面側から抜けていく．

　食卓に置くポット型浄水器の先駆けが「BRITA」である．こちらには多孔性中空糸膜は使用されていない．ポットの蓋から取り外し可能なカートリッジがぶら下がっていて水道水に浸る仕組みだ．カートリッジには**イオン交換樹脂**や活性炭が充填されていて，水をまずくしている成分を吸着除去する．

---

keyword

活性炭充填層:　無機系吸着材の代表である活性炭を層になるように詰めた円筒状の装置．

膜モジュール:　大量の水を処理するために，平膜あるいは中空糸膜を詰めた装置．

ベンゼン:　芳香族有機化合物の出発物質で，6 個の炭素が環を作っている．化学式は C_6H_6．

イオン交換樹脂:　イオン交換基を導入した高分子製の材料．イオン交換基は親水性であるため，高分子鎖が水中に広がって溶けてしまうので，架橋や接ぎ木という手法を使って水に溶けないように工夫がなされている．

水道管の材質は鉛から塩ビへ変わった

　一昔前，日本の水道管は鉛管だった．街を歩いていて，建替えなどで家を壊して整地した土地から鉛管が飛び出ていたのを覚えている．鉛管は曲げやすく

て水道工事に便利なのだ．ただ，鉛管は重い．今は，**ポリ塩化ビニル**(略して，塩ビ) 製のパイプだ．こちらのパイプの色は灰色だ．

「美人薄命」という言葉がある．○○藩の江戸屋敷跡のトイレ (厠) が見つかると，その尿や糞が浸み込んだ土に**鉛** (Pb) が検出される．それは，お姫様が化粧で使う白粉 (「おしろい」と読む) に含まれていた鉛が皮膚から侵入し体内に移行して，やがて便に排泄されたためと考えられている．お姫様は鉛に起因する病気になっていた可能性がある．化粧しすぎた美人は薄命だったのかもしれない．なお，鉛入りのおしろいは 1934 年に製造禁止になった．

電気配線を自分でつなぐのに，「**半田**付け」の仕方を父から教わった．電流を流してはんだごての先端を高温にし，はんだ付けしたい部分をはんだごてで加熱した．続いて，糸状のはんだをその部分へ押し付けてはんだを溶かした．作業中，少し嫌なニオイがした．あのはんだには鉛が入っていた．現在は，作業者の健康被害を防ぐため，鉛フリーのはんだ (無鉛はんだ) の巻物ができている．

水道の鉛管，おしろい，そしてはんだと昔は，鉛の害を知らずに使っていた．水中にわずかに溶けた鉛の形態は鉛イオン (Pb^{2+}) である．そのときには，**キレート形成基** (イミノジ酢酸基) をもつ高分子製吸着材で吸着捕捉できる．鉛は捕捉しても高く売れない金属なので，よほど危ないと認識されていないと放置される．

---

keyword

ポリ塩化ビニル: 塩化ビニル (CH_2＝$CHCl$) を重合して得られる高分子．安価な樹脂なので，水道管，農業資材，ラップなどに使用されている．

鉛: 元素記号 Pb．軟らかい金属であるため，紙に擦りつけると文字が書けた．これが「鉛」筆の名の起源である．生物に対して毒性があることから「鉛フリー」(鉛が入っていない) 製品に置き換わっている．

半田 (はんだ): 金属同士を接合したり，電子部品を基板に固定したりするために，はんだを使う．はんだは鉛とスズを主成分とする合金である．最近は無鉛 (鉛フリー) はんだが使われる．

キレート形成基: 略して，キレート基とも呼ぶ．金属イオンをカニのハサミのように捕まえる化学構造 (官能基)．代表的なキレート基のイミノジ酢酸は 1 分子中に 1 つのキレート基をもつ化合物である．

水道水を安心して飲めるように塩素を注入

　浄水場では，河川水や地下水を原料にして，水道水という製品をつくる．飲料用を前提にしてつくる．浄水場の工程 (ここでは，高度浄水処理システム) のなかで，重要な2つの工程は，凝集沈殿と塩素注入である．「**凝集沈殿**」では，**凝集剤** (例えば，**ポリ塩化アルミニウム**) を水に添加して，多くはマイナスに帯電している微細粒子のサイズを大きくして短時間で，沈殿槽に沈むようにする．水中を沈降する粒子の速度はその粒子径の2乗に比例するから，速く沈殿させるのに凝集操作は有効だ．

　塩素注入は殺菌のため実施する．河川水にはウイルスや菌が含まれているだろう．蛇口から出る水道水中の塩素濃度は $0.1 \sim 1.0\,\mathrm{mg/L}$ に水道法によって決められている．この塩素のおかげで水道水はすぐには腐らないのでありがたい．東京のお台場に東京都水道局が運営する「水の科学館」があるので，是非，見学してください．

　浄水場では次亜塩素酸ナトリウム (NaClO) を使い**塩素**を**注入**している．ここで，**次亜塩素酸ナトリウムは水酸化ナトリウムと塩素ガス** ($\mathrm{Cl_2}$) を反応させて作る．

$$2\,\mathrm{NaOH} + \mathrm{Cl_2} \rightarrow \mathrm{NaClO} + \mathrm{NaCl} + \mathrm{H_2O}$$

その塩素の製造法を紹介する．塩素は塩 (NaCl) を原料にしてつくる．外国 (メキシコ，オーストラリアなど) から安価な塩 (例えば，天日塩) を輸入している (2018年度のソーダ工業用塩の輸入量は613万t)．この塩を水に溶解させて飽和に近い NaCl 水溶液を作る．調製した NaCl 濃厚水溶液を陽イオン交換膜で陽極側と陰極側を隔てて電気分解する (図 2.2)．陽極と陰極で，それぞれ次の反応が起きる．

$$陽極:\ 2\,\mathrm{Cl^-} \rightarrow \mathrm{Cl_2} + 2\,\mathrm{e^-}$$

$$陰極:\ 2\,\mathrm{H_2O} + 2\,\mathrm{e^-} \rightarrow \mathrm{H_2} + 2\,\mathrm{OH^-}$$

陽極側から塩素ガスを入手できる．このあたりの説明は，高校化学の「無機工業化学」の項目で習う．しかし，教科書や参考書の最後のほうに載っているせ

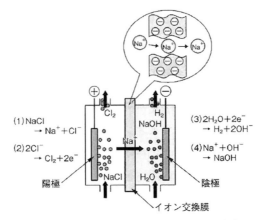

図 2.2　食塩の電気分解槽 (イオン交換膜法)[1)]

いか，授業時間が不足してくると，化学の先生が「ここは読んでおけ！」とか「入試問題にほとんど出ない！」とか言うもんだから，生徒はほとんど理解不足のまま，塩素製造法とその原料を知らずに人生を歩む．

　この「イオン交換膜法」によると，塩素 (Cl_2) だけでなく同時に水酸化ナトリウム (NaOH) と水素 (H_2) も生成する．したがって，**電気分解槽**を，塩素ガスに触れても腐食しない，かつ高濃度水酸化ナトリウム水溶液 (強アルカリ) や水素にも耐える材料で作らないと長期運転がままならない．また，隔膜として使用する陽イオン交換膜にも，製塩の**電気透析槽** (第 7 章で登場する) で使用する陽イオン交換膜以上に，耐薬品性が要求される．

　そのために，**パーフルオロカーボン**製の陽イオン交換膜が日本とアメリカで開発されてきた (図 2.3)．炭素–水素結合の**結合エネルギー** (413 kJ/mol) に比べて，炭素–フッ素結合の結合エネルギー (489 kJ/mol) は 18% 分大きい．それは，結合距離が短いうえに，分極しているのでクーロン引力が加わるからだ．

　天日塩を安く入手できる代わりに，NaCl の純度は低い．Ca や Mg が含まれている．NaCl 濃厚水溶液を作っても Ca や Mg も溶けてくる．「イオン交換膜法」では陰極側に水酸化ナトリウムができるので，Ca や Mg が溶けていると，水酸化カルシウムや水酸化マグネシウムといった沈殿が生成する．この沈殿が陽イオン交換膜に付着して固まると，膜の電気抵抗が増してしまう．それを回

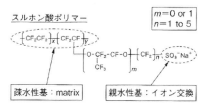

図 2.3 パーフルオロカーボン製の陽イオン交換膜の構造[1]

避するため塩水中の Ca や Mg は徹底的に除去される. そこで, NaCl 濃厚水溶液を電気分解槽に供給する前に, まず, 薬剤を入れて Ca と Mg のそれぞれ炭酸塩と水酸化物をつくり, その沈殿を除去する. つぎに, イミノジ酢酸型キレート樹脂ビーズ (第 1 章参照) を詰めた塔に NaCl 濃厚水溶液を通して Ca^{2+} や Mg^{2+} を除去している. 液中から Ca^{2+} や Mg^{2+} を除去する材料や技術は私たちの生活を支えているのだ.

　水酸化ナトリウムと塩素を製造する業界 (日本ソーダ工業会) は「ソーダと塩素」(「塩素とソーダ」とは言わない) という名の業界誌を 2007 年まで発行していた. 大学院の学生のときに, この業界誌を図書館の開架棚の隅で見つけた. 表紙に絵柄がなく薄い雑誌であったが, 手に取って毎月, パラパラとめくっていた. 年毎の水酸化ナトリウムや塩素の需給状況が載っていた. 「ソーダと塩素」という言葉は, 「ヒデとロザンナ」や「トムとジェリー」のようにリズムがあって, 今でもよく覚えている.

◆淀橋浄水場とヨドバシカメラ

　浄水場と聞くと, 「淀橋浄水場」を思い出す. 母方の祖母が東京都渋谷区本町三丁目に住んでいた. 小学生の頃, 私の家族の店兼住居に近い駅, 山手線「五反田駅」から「新宿駅」で降りてバスに乗り換えて, 祖母の家へ遊びに行った. 母や弟と一緒だったかもしれない. バスの起点「新宿駅」を発つと, すぐ「淀橋浄水場」という名のバス停だった. 小学生だったので, 「浄水場」の意味がよくわからなかった.

　淀橋周辺は, 東京 23 区の西部に当たり, 比較的低地である. 隣接する新宿区戸山地区 (早稲田大学文学部の周辺) にある「箱根山」(標高 45 m) は山手線内で一番標高が高い. だから, 淀橋 (淀橋浄水場の水源は玉川上水) には雨

水も集まった．1898 年に完成し，東京に住む人々の生活を支えた「淀橋浄水場」は 1965 年に廃止された．

　東京駅や有楽町駅の周辺にあった東京都庁や関連の役所が新宿駅西口周辺に移転すると聞いた．1991 年に移転した先が「淀橋浄水場」の跡地だった．その頃，祖母の家へは「渋谷駅」からのバスで行くようになっていた．

　当時，父は新しい電気器具を買うときに，「新宿に値段が安い店がある」という評判を聞いて出かけていた．その店が 1967 年に設立された「(株) 淀橋写真商会」で，現在の「ヨドバシカメラ」(1974 年に商号変更) の原点である．「まあるい緑の山手線，まんなか通るは中央線，新宿西口駅の前，カメラはヨドバシカメラ」私は歌詞もリズムも刷り込まれた世代である．現在，ヨドバシカメラは家庭用浄水器「クリンスイ」も売っている．

◆ソーダはナトリウムのことだそーだ

　水酸化ナトリウムは，石鹸や紙の製造など，多種多様な産業で大量に使用される基礎化学品である．「苛性ソーダ」とも呼ぶ．「水酸化ナトリウム」より 40％短く読める．「苛性」の「苛」は「苛める」という意味，「動植物の組織に対して強い腐食性をもつ」からこの名が付いた．水酸化ナトリウム水溶液は，研究室で最も気を遣う薬品である．手についたらもちろんのこと，跳ねて目に入ったら，たいへんだ．

　日本を代表する化学会社の一つに「東ソー (株)」がある．水酸化ナトリウムも塩素も，東ソーの製品群の一つである．この「東ソー」の名のルーツは 1935 年に設立された「東洋曹達工業 (株)」(1987 年に東ソー (株) に社名変更)．ここで「曹達」は「そうだつ」とも「そうたつ」とも読まない．「そーだ」と読む．同じように，水酸化ナトリウムと塩素を製品群の一つとしている会社に，1918 年に設立された日本曹達工業 (株) (1936 年に徳山曹達 (株)，1994 年に (株) トクヤマに社名変更) や 1920 年に設立された日本曹達 (株) がある．

$$曹達 = sodium（英語名）= natrium（ドイツ語名）= Na$$

　メロンソーダは，炭酸水素ナトリウム ($NaHCO_3$) を水に溶かして，メロン色のシロップを混ぜた飲み物だそーだ．$NaHCO_3$ は重炭酸ナトリウム，重炭酸ソーダ，そして「重曹」とも呼ばれる．ベーキングパウダーの主成分だ．CO_3 に H が加わって重くなっているので重炭酸というのかもしれない．英語では

CO_3 を carbonate，HCO_3 を bicarbonate という．重さは倍にならないのに bi (バイ) が付いている．

keyword

凝集沈殿:　汚水には大小さまざまな粒子が混ざっている．小さい粒子 (微細粒子) は水中で沈むのに時間がかかる．そこで，微細粒子の表面がマイナスに帯電していることを利用して，プラス電荷をもつ薬剤を使って微細粒子を凝集させて塊 (沈殿) を作る．すると，粒径が大きくなって沈むのを速めることができる．

凝集剤:　凝集沈殿に使う薬剤．無機凝集剤と高分子 (ポリマー) 凝集剤がある．無機凝集剤にはアルミニウム系と鉄系の薬剤がある．それぞれの代表は，ポリ塩化アルミニウムとポリ硫酸第二鉄である．

ポリ塩化アルミニウム:　上下水道の凝集剤として使用されている．水酸化アルミニウムを塩酸に溶かしてつくる．化学式は $Al_2(OH)_n Cl_{6-n}$，ここで $n=1\sim5$．

塩素注入:　塩素ガス (Cl_2) を水に注入することによって殺菌し，安全な水道水をつくっている．

次亜塩素酸ナトリウム:　化学式 $NaClO$．家庭用漂白剤の成分である．また，殺菌のため飲料水やプール水に添加される．

水酸化ナトリウム:　化学式 $NaOH$．アルカリ (水に溶けて水酸化物イオン OH^- を放出する物質) の代表であり，酸の中和剤である．石鹸やパルプの製造に大量に使用されている．眼に入ると失明のおそれがある薬品である．

塩素ガス:　常温，常圧で，塩素分子 (Cl_2) は，空気より重い，黄緑色の気体である．刺激性があり，腐食性，毒性が強い．

電気分解槽:　略して電解槽とも呼ぶ．電気分解をおこなう槽 (タンク) のこと．電気分解では，電気を通す水溶液に 2 つの電極を浸し，外部電源から電流を流す．すると，水溶液中の物質と電極の間で酸化還元反応が起きる．

電気透析槽:　電気透析をおこなう槽 (タンク)．電気透析では，まず，陽イオン交換膜と陰イオン交換膜をペアにして数対，電気を通す水溶液に浸して，水溶液を仕切る．つぎに，両端の室にそれぞれ電極を差し込んで外部電源から電流を流す．すると，陽イオンと陰イオンがそれぞれ陽イオン交換膜内と陰イオン交換膜内を透過する結果，濃縮室と脱塩室ができる．

パーフルオロカーボン:　perfluorocarbon の名のとおり，炭化 (carbon) 水素の水素原子を完全に (per) フッ素 (fluor) 原子に置き換えた物質．

結合エネルギー:　共有結合を形成している元素の間の結合の強さを表す指標．

3

台所，トイレ，風呂から流れ出る水の行方

（写真提供: Shutterstock）

家庭排水

川から取った水は，浄水場を経て家庭の蛇口に出てくる．私たちは水を飲み，使い，最後は，台所，トイレ，風呂の排水口から水を管に流している．その水は下水処理場に集められ，規制基準にまできれいにして川に戻される．世界に目を向ければ，川の水をそのまま飲み，家庭排水をそのまま捨てる地域も多くある．

下水の質は地域や季節で変わる

　流し台で洗剤を使って食器を洗ったときに排水口に流れていく水，お風呂場で髪の毛をシャンプー・リンスして洗い流した水，トイレで用を足した後に吸い込まれていく水，洗面台でメイク落としを使い化粧を落として顔を洗った水，これらはみな「家庭排水」と呼ばれる．魚屋さんは，毎日，店を閉めるときには，水を床に撒いて，束子付デッキでゴシゴシ洗って排水を流す．飲食店では，ご飯を作るにも，残飯を捨てるにも，コップや皿を洗うにも水を使い，排出する．

　水が排水口に吸い込まれると，その先の配管を流れていく水の行き先を想像しない．思考停止である．家庭排水はきれいな水ではない．だから，水道水を「上水」と呼ぶのに対して，家庭排水は「下水」と呼んでいる．飲めるくらい上質だから水道水を「上水」，そうではないから家庭排水を「下水」と呼ぶのだろう．「上水」と「下水」との間には「中水」もあって，雨水などを利用する雑用水を指す．

　下水処理場は下水を河川に流せるまでに浄化する施設である．一方，浄水場では河川水から水道水をつくるわけだから，河川の上流の下水処理場が汚れた水を流すと，下流の浄水場の負荷が増えるから困る．

　下水の出所は，雨水のほかに，住宅，店舗，工場などである．それぞれの出所で浄化槽や排水処理設備が付いていてそれなりに浄化する．しかし，汚染物質の量が多く，その濃度が高いと，汚染物質の分解が鈍り，下水管を通って下水処理場まで流入することもある．

　下水の水質は，地域はもちろんのこと季節でも変動する．例えば，繁華街を担当地域にもっている下水処理場では，年末になると，下水量が増え，しかもその下水に洗剤が多く含まれるそうだ．飲食店，ゲームセンター，パチンコ店は，年末になると大掃除をする．ゴシゴシと束子付モップやデッキで床を磨いて流す．その水が下水となる．したがって，下水処理場の水処理方式には，水量や水質に変動があってもパンクしないことが求められる．融通の利く水処理方式が好ましい．

下水処理場の見学記

　2021 年 10 月から稼働している大阪市中浜下水処理場の概略を図 3.1 に示す[1].
ここの下水処理には，これから登場する MBR が採用されている．さて，10 年
程前のある日，下水処理設備を設計する K 社の研究者から連絡があった．工学
部所属の私は「来る者拒まず，来てから考えて拒む」主義であるので，お会い
することにした．相談しているうちに「何よりもまず，下水処理の現場を見ま
しょう」ということになった．大学院生の T 君を連れて，淀川に隣接した大阪
のある下水処理場を見学することになった．

　到着して，処理場の端にある 3 階建て建物の窓から，処理場全体を見渡した．
その広さに驚いた．淀川の河川敷にあって，大阪ではあるが，「東京ドーム，何
個分」と質問したくなる広さだ．説明の担当者は広さに圧倒されている私たち
に「ここは下水処理場としては狭いほうです」と言い放った．「処理場の向こう
の半分くらいに，白い蓋をしてあるエリアが **MBR**(読み方は「エムビーアー
ル」)の設備です」という説明を受けた．MBR と言われても，その略語を知ら

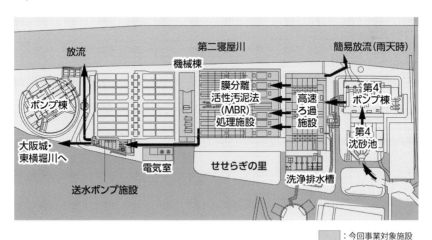

図 3.1　大阪市中浜下水処理場．MBR と高速濾過の施設を有し，2021 年 10 月から稼
　　　　働している[1]．

なかった.

　洗濯されたアイボリーの作業服に上着を替え，ヘルメットを被って見学に出発. 集まってきた下水が流れる水路に鉄製の柵 (スクリーンと呼ばれている) が投入されていた. 説明によると「パンツやシャツが流れてくると引っかかる」そうだ.「ほんまかいな」と大阪弁で突っ込みを入れたかった. つぎに，流れは，**沈殿槽**と呼ばれる広いプールに出遭う. 流速が落ちて，滞留する時間がとれるので，微粒子は沈降する. また，**凝集剤**を添加して微粒子を大きくしてその沈降を促進する. 実験室なら，濾紙を使って濾過をするところだが，ここに濾紙を使ったらすぐに詰まってしまうだろう.

　いよいよ，MBR の見学だ. MBR はメンブレンバイオリアクターの略語で，日本語では「膜分離活性汚泥槽」. 白い蓋を多数つなげてできた広いエリアに 4名が立ち，記念写真を撮った (残念ながら，今，探しても見つからない). K 社の研究者がその蓋をヨイショと 1 枚開けてくださった.

　上から内部を覗き込むと，濁った液からボコボコと気泡が出てきて液面で壊れていた. 液は動いているが，どこへ流れているのかわからない. 金属製の枠組み (ユニットと呼ぶ) に取り付けられた白い平らな膜のほんの一部が，流れの中でたまに顔を出した. 嫌なニオイはしなかった.

　この MBR の設備を通り抜けた水は，見た目では汚れていない. 透明だ. さまざまな検査項目，例えば，**pH**，**SS** (浮遊物質量)，**BOD** (生物化学的酸素要求量)，**COD** (化学的酸素要求量)，全窒素，全リンを調べて，規制値を上回っていないことを確認する. そうして，処理された下水は河川水に放流される. 魚が棲める淀川を保てるという具合だ.

下水処理装置 (MBR) の主役は微生物と多孔性膜

　MBR の液が濁って見えた. 濁りの正体は「活性汚泥」と呼ばれる**微生物**の集団である. 下水処理で活躍する微生物 (菌) は空気中や酸素の存在下で生育する好気性菌である. 人間が排泄したあるいは生活の中で廃棄した下水の中には，さまざまな種類の**有機化合物**が好き勝手な濃度で溶けている. したがって，

keyword

MBR: membrane bioreactor のこと．下水処理場の中心となる設備．多孔性膜と微生物を使って，多種多様な有機化合物を分解し，河川水に放流できるまでに下水を浄化する．

沈殿槽: 固体の粒子，例えば，砂や金属水酸化物の沈殿を水中で沈めて取り除くためのタンク (槽)．微細な粒子であると水中を沈む速度が遅いので，装置内に長く留まるように工夫した装置になっている．

凝集剤: 第 2 章 (p.25) を参照．

pH: 水中の水素イオン (H$^+$) の濃度を表す指標．水素イオン H$^+$ はヒドロニウムイオン H$_3$O$^+$ の略記．水素イオン濃度の範囲が広いために，常用対数 (log) を使ってわかりやすくしている．pH の定義式は $-\log[\mathrm{H}^+]$ である．pH の読み方は「ピーエイチ」，以前はドイツ語読みで「ペーハー」であった．

SS: suspended solids の略．水中に懸濁している水に溶けない物質のこと．2 mm のふるいを通過して 1 μm の濾紙の上に残留する物質，と JIS(日本工業規格) で定義されている．

BOD: biochemical oxygen demand の略．生物化学的酸素要求量．酸素のある条件で微生物を培養し，その微生物に水中の有機物を 5 日間，酸化分解させたときに必要であった酸素の量．単位は mg/L．

COD: chemical oxygen demand の略．化学的酸素要求量．化学薬品 (酸化剤，例えば，二クロム酸カリウム) を使って水中の有機物を酸化分解させたときに必要であった酸素の量．単位は mg/L．

それらの分解を担当できる，言い換えると，餌として食べてくれる微生物がいてくれるとありがたい．そのうえ，有機化合物を消費する速度が速い (活性が高い) 微生物の集団なら，もっとありがたい．

　下水の質が，微生物の種類，そしてその増殖あるいは死滅を決める．下水を排出する地域の特性や季節によって水質が変動する下水に対して，微生物群は馴化 (「じゅんか」と読む) さえしてくれる．見た目が汚れた泥のようなので，「汚泥」と名付けられているが，人間社会をおおいに助けてくれる微生物群だ．

　有機化合物を構成するおもな元素は，炭素 (C)，水素 (H)，酸素 (O)，そして窒素 (N) である．それらを微生物自身が摂り込んで増殖のために消費したり，代謝の過程で，二酸化炭素，窒素といった気体に，あるいは無機イオンに転化したりする．それが下水の浄化につながる．

　微生物のおかげで下水に溶けていた有機化合物は分解される．ここまでなら bioreactor である．さて，せっかく形成された微生物群 (活性汚泥) を失いたく

ないし，河川に微生物群を流すわけにもいかない．そこで，考案されたのが，**多孔性膜**とのコラボレーションである．多孔性膜とは，その名のとおり，孔が多く開いている物性をもつ膜である．「穴」ではなく「孔」なので行き止まりがなく，貫通している．また，膜だから両側の液には隔たりができるが，孔より小さな物質は孔を通って行き来できる．

---

keyword

微生物: 目に見えないくらいの小さな生物．細菌，菌類 (酵母やカビ)，微細藻類，原生生物 (ミドリムシやアメーバ) など．

有機化合物: 有機物とも言う．炭素を含む化合物と定義される．炭素を含むとはいっても，一酸化炭素，二酸化炭素，炭酸塩 (例えば，炭酸水素ナトリウム) は無機化合物に分類される．

多孔性膜: 第 2 章「多孔性中空糸膜」(p.17) を参照．

多孔性膜の構造と働き

　問題は多孔性膜の孔の大きさと割合である．孔のサイズは大きくても 1 μm 程度，割合は 60〜80%の範囲である．膜表面の孔は真ん丸でも真四角でもない (図 3.2)．しかも，同じサイズの孔が開いているわけでもない．孔の向こうはスポンジのようにつながって貫通している．洞窟のようだと言うと行き止まりがあってもよいことになるので，あくまでスポンジのようだと言っておきたい．

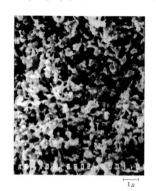

1μ

図 3.2 多孔性膜の走査型電子顕微鏡写真

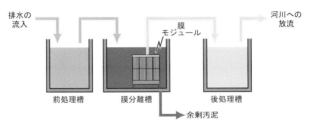

図 3.3 MBR (平膜型) の装置と下水処理の仕組み

多孔性膜の製造法については第 11 章で述べる.

微生物の英語名は microorganism, この名が示すとおり, 大きさは 1 μm (micrometer) 程度である. したがって, この膜は, 水やイオンを通しても微生物を通さない. この多孔性膜は, 膜の分類で言うと MF 膜と呼ばれている. MF は microfiltration の略語である. 日本語では精密濾過膜と呼んでいる. この名付けの理由は知らない.

膜の名が micro 濾過膜 (MF 膜), この膜の孔を通れないのが micro 生物 (微生物) という組み合わせである. ここでは微生物に槽に留まってもらいたいから「通れない」というよりも「通さない」のが目的である. MF 膜の形状が平ら (平膜) なら, この膜を隔てて, 片側が微生物で濁った水として, もう片側の圧力を減圧にすると, 水だけが引かれて MF 膜の孔を透過してくる. これで微生物と水を分けることができる (図 3.3).

孔の割合 (「**空孔率**」と呼んでいる) はなるべく大きいほうが水をたくさん引ける. また, MF 膜の厚みは薄ければ薄いほど液の流動抵抗が小さくなるので減圧分が少なくて済む. そうは言っても MF 膜があまりにスカスカで, しかも薄くてヘナヘナだと, MF 膜を活性汚泥槽に浸漬したときに, 気泡による振動や微生物の衝突によって MF 膜が破れる可能性がある. そもそも薄い膜だとユニットの枠に張り付けにくい. MF 膜を作る都合も考慮し, 空孔率と膜厚を決める. こうして MF 膜を併用した bioreactor だから, membrane bioreactor という名になった.

> **keyword**
>
> **空孔率:** 多孔性の材料 (例えば，多孔性膜や活性炭) の全体に対する孔の体積パーセント.

多孔性膜は汚れずに長持ちすることが肝心

　見学した下水処理場で利用されていた MBR に装着された MF 膜の素材は高分子，形状は**平膜**であった．世の中では一社独占という技術や材料は少ない．日本には MF 膜のメーカーがいくつかある．MF 膜にも，材質には軟らかい高分子製だけではなくて，お「硬」い**セラミックス**製もある．形状にも平膜と**中空糸膜**がある．MBR への採用を巡ってメーカーが熾烈な競争をしている．

　MF 膜を選択する基準の一つが「寿命」である．MF 膜を浸漬する液は活性汚泥混じりの下水である．膜表面が汚れないほうが不思議なくらいだ．

　膜表面が汚れてくると，膜の孔を貫通する水の流量 (透過流量) を維持するのに必要な膜間圧力差が上昇してくる．すると，ポンプの運転費 (電気代) がアップする．長期運転中に，例えば，膜間圧力差が初期のそれの 2 倍になったら，膜を洗浄する．透過流量が復活しないなら膜に寿命がきたと判断して交換する．下水処理にかかる費用をできる限り抑制したいので，**初期設備費**，運転費，そして洗浄・交換の費用を考慮して，下水処理場の運営組織は MF 膜を選ぶ．

　材料が汚れる仕組み，すなわち，どんな物質が，どんな相互作用で材料表面に吸着・付着をするのかがわからないと，汚れを抑える対策はたてにくい．しかも，MBR の場合，MF 膜の材質が，例えば，ポリエチレンと決まっても，液体中の汚染物質の候補は，微生物群，有機化合物 (高分子量のタンパク質から低分子量のアミノ酸まである) など無数にある．膜メーカーの研究者・技術者は日々，汚れにくい長寿命な膜を探求している．

　細胞の表面にタンパク質が非選択的に吸着しないことにヒントを得て，石原一彦先生 (東京大学大学院) は，細胞表面を構成する**リン脂質二重膜**がもつリン酸ベタイン (リン酸基と第四級アンモニウム塩基という 2 種類の官能基を併せもつ両性の物質) という化学構造に着目した．それを有するビニルモノマー

(MPC, 2–メタクリロイルオキシエチルホスホリルコリン) を合成し (1990 年), さらにそれを重合して**ポリマー**を作製した[2]. このポリマーはタンパク質をほとんど寄せ付けなかった.

　MPC は今のところ, 高価な試薬であるため, 下水処理の費用を抑えたい MBR 設備には使えない. そこで, ベタイン部分のリン酸基 (PO_3H) をカルボキシ基 (–COOH) やスルホン酸基 (–SO_3H) へ変えると試薬はお手頃な値段になるので, 私たちはこうしたベタインを高分子表面に取り付けた. タンパク質の水溶液ではうまくいったが, やはり膜作製は高くつき, MBR での実用化には至らなかった. 一方, 石原先生の MPC ポリマーは人工股関節の寿命を延ばすのに役立つことが示されて, 実用に向かっている.

---

keyword

平膜: 　形状として平らな膜のこと. 膜のもう一つの形状である中空糸膜に比べて製造が簡単である.

セラミックス: 　無機化合物 (無機物) を加熱し焼き固めて得られる焼結体. 純金属や合金は焼結体ではないので, セラミックスとは呼ばない.

中空糸膜: 　第 2 章「多孔性中空糸膜」(p.17) を参照.

初期設備費: 　装置を作るまたはそれを組み合わせた設備を作るのに, 初めに (初期に) かかる費用. 運転が開始されると, こんどはそれを維持管理するために費用がかかる.

リン脂質二重膜: 　生物の細胞膜 (生体膜) の基本構造である. リン酸エステルという化学構造をもつ脂質が二重層の膜を作って, 成分の異なる水溶液を隔てる役割を果たす.

ポリマー: 　分子量が 1 万を超える分子. 高分子量の分子というので「高分子」とも呼ぶ.

◆車中三大汚れ

　大学時代の同級生 K 君から, 「車の内装に使用されている皮革の表面を化学修飾して, 汚れにくくしてくれないか」と依頼された.「車中三大汚れ」とは「靴墨」,「口紅」, そして「缶からこぼれたコーヒー」だという. そういえば, 自分の車の運転席ドアの下部は知らず知らずのうちに付けた靴墨だらけだ. 話を聞いただけで難題だ.

　「材料表面が汚れにくくなった」と聞いてわざわざやってきてくれたのだ

から，「無理だよ」とは即答できない．やってみたが，まったくうまくいかなかった．みなさん，きれい好きの車のオーナーの車に乗るときには「車中三大汚れ」を思い出してください．

4

徹底的にキレイな水で洗って作るスマホ部品

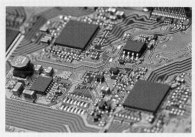

(写真提供: Shutterstock)

超純水

センチメートルやミリメートルのサイズで高性能を示す電子材料には，微細な電子回路が何層にも集積されている．そのおかげでスマホが高性能である．集積回路に不良が起きないように，回路を洗う超きれいな水すなわち「超純水」が不可欠である．川の水から，溶けていない成分はもちろんのこと，溶けている成分も徹底的に除去する．

登場元素:　Na (ナトリウム)，Co (コバルト)
登場化合物:　炭酸カルシウム ($CaCO_3$)，尿素，過酸化水素 (H_2O_2)，
　　　　　　ウレアーゼ

超純水にはまだまだ大量の不純物が溶けている

　北島康介さん (2004 年アテネオリンピック，2008 年北京オリンピック，100 m と 200 m 平泳ぎの金メダリスト) をまねて言えば，超純水 (ultrapure water, UPW) は「超キレイ！」と考えていた．しかし，超純水の用途によってはまだまだ「汚れている.」例えば，超純水中にナトリウムが 1 **ppb** (μg–Na/L = ng/g) 検出されたとき，水 1 L 中のナトリウムイオン Na^+ の数を計算しよう．

$$1 \times 10^{-6} \,(\text{g–Na/L}) \div 23 \times 6.02 \times 10^{23} = 2.6 \times 10^{16}$$

と，億 (10^8) をはるかに超えた数 (億の約 3 億倍) となる．アボガドロ数 (6.02×10^{23}) は絶大である．濃度が ppb から **ppt**，**ppq** と減っていっても，2.6×10^{13}，2.6×10^{10} に減り，ようやく「約 300 億個」と日本語でなんとか読める数になる．

　超純水という名をもつ水なら，分析しても何も検出されないほどになっていてほしいわけだ．最近，要求される超純水の水質は ppq のレベルに至っている．水中の微量成分 (おもに，金属) を極々低濃度まで測定したいという欲求に応じて分析化学の研究者・技術者は創意工夫する．すると，超純水製造の研究者・技術者はそれを除去しようと奮闘する．これは，まさに「水を磨こう」とする「切磋琢磨」のスパイラルである．

> **keyword**
>
> **ppb，ppt，ppq:**　ppb は parts per billion のこと．ppm (parts per million，100 万分の部分) の 1000 分の 1，すなわち 10 億分の部分．ppt (parts per trillion) は ppb の 1000 分の 1，すなわち 1 兆分の部分．ppq (parts per quadrillion) は ppt の 1000 分の 1，すなわち 1000 兆分の部分．普段の生活では量が少なすぎて実感しにくい量である．

集積回路を超純水で洗って不良品を減らしている

半導体であるシリコンの結晶 (インゴット) を切り出して薄い板 (1 mm 程) 状

にして，直径 4〜12 インチ (100〜300 mm) の**シリコンウェハー**を作る．電子産業界は，この薄い板の上に電子回路を 3 次元的に組み上げる．言い換えると，集積回路 (IC) を設計する．最終的には，ここからチップを切り出し，蓋をして (専門用語では，封止して) 配線のための取り出し口を作ると「半導体素子」が出来上がる．

　デスクトップのパソコンの箱の内部を覗いたときに見える，ボードに固定されている「ゲジゲジ」のような代物が半導体素子の一種である．黒い部分が**封止材**であり，集積回路を防護している．例えば，直径 300 mm の一枚のシリコンウェハーから 600 個程の長方形の小片を切り出すことができる．

　大規模集積回路，もっと進んで超大規模集積回路 (VLSI, very large-scale IC) の製造には，さまざまな高分子材料，試薬，そして水が使用される．水が使用される工程は湿式プロセスと呼ばれる．これに対して水を使わない工程を乾式プロセスと呼ぶ．

　回路をつくり出すために，光 (例えば，紫外光) が当たると**架橋**して**溶媒**に溶けなくなる高分子 (逆に，当たらないと溶媒に溶ける)，溶媒，表面の性質を変える反応に使う試薬を使う．そして，各反応終了のたびに残留する溶媒や試薬を洗い流すための超純水が必要になる．VLSI の製造では**光反応**や**表面修飾反応**が多く実施されるから，超純水の出番が多くなる．

　回路の線と線の距離，すなわち線幅が小さくなっていけば，チップのサイズが同一なら，多様な回路を作り出せる．時代とともに線幅は狭くなってきた．不純物が線にくっついたり，線と線の間を跨いだりすると，不良品が発生する可能性がある．不良品ゼロの場合に対する実際の製品の割合を「歩留まり」と呼んでいる．

　歩留まり 100% の工場が理想の集積回路製造工場である．シリコンウェハー上に一か所でも不良箇所があると，IC チップを切り出す前にウェハーの一枚が廃棄となる．「もったいないったら，ありゃしない.」したがって，工程での使用回数が多い超純水に対して「品質を高めてください！　できる限りキレイにしておいてください！」と要望される．超純水製造を担当している日本のメーカーには，栗田工業 (株)，オルガノ (株)，野村マイクロ・サイエンス (株) そして三菱ケミカルアクア・ソリューションズ (株) がある．

　超純水は，集積回路製造工場だけではなく，薬品製造工場，**ボイラー**を使う工場，原子力発電所でも利用されている．薬品製造工場では，固体の薬を溶かすために，あるいは液体の薬を希釈するために超純水を使う．最終的に人体に入るのだから超純水が無難である．

　ボイラーには熱水と水蒸気が登場する．水中にカルシウムイオンが溶けていると，水温が下がったときに炭酸カルシウム ($CaCO_3$) の沈殿が金属面に付着・蓄積する可能性がある．$CaCO_3$ は金属よりも伝熱しにくい物質なのでボイラーの**伝熱効率**を低下させる．超純水を使っておくとその心配がない．

---

keyword

シリコンウェハー: シリコン (SiO_2) で作ったたいへん清浄で薄い板．
封止材: 基板 (ウェハー) の電子回路を密集して形成させた後，それを小さく切り分けた板を半導体チップと呼ぶ．その半導体チップに，大気がじかに接したり，不純物 (ゴミ) が降ったりするのを防護するための材料．エポキシ樹脂と充填剤で作られている．
架橋: 親水性の高分子が溶媒 (例えば，水) に溶けないように，高分子の鎖と鎖の間に橋を架ける操作．
溶媒: 溶質を溶かすための媒質が溶媒であり，その結果，できる液体が溶液である．例えば，食塩を水で溶かした食塩水の場合，溶媒は水である．
光反応: おもに紫外線を当てることによって起こる反応．
表面修飾反応: 固体の表面付近で化学反応を進めて，望みの化学構造 (官能基) を導入することを修飾と呼ぶ．
ボイラー: boiler．水を沸かして湯や水蒸気をつくる設備．燃焼室と，発生した熱を水に伝える熱交換器から構成される．
伝熱効率: 熱交換器には金属製の板や管が詰まっている．その壁に沈殿や汚れが付着すると，その部分は金属に比べて熱を伝える速度が低下するため，伝熱効率が低下する．

原子力発電所で使っている超純水

　超純水製造に二度，付き合った．一つは原子力発電所，一つは集積回路製造工場の関連であった．付き合ったといっても，金属イオン，尿素，そして過酸化水素を除去できる高分子材料を作製しただけの話である．

　私の研究室で超純水の実験など出来っこない．私は頭をボリボリと搔くくせ

があるし，ランチで餃子を食べても歯磨きをしないで息をする．そして学生や私が入る実験室にはクリーンルームもなければクリーンベンチさえない．したがって，水中の金属イオンの除去の実験には，**ppm** レベルの金属水溶液を使った．それで済んだ．除去する原理と材料の性能のよさを実証すれば，そこから先は超純水メーカーがウルトラクリーンルームで検証するからだ．

2011 年の東日本大震災に伴う東京電力福島第一原子力発電所の**メルトダウン**事故の後，日本の原子力発電所 (略して，原発) の安全性が見直されてきた．2022 年 3 月 8 日の時点で，発電中の原発が 6 基，停止中 (定期検査中) の原発が 27 基である[1]．

原子力発電所の形式を分類すると，西日本では，**加圧水型原子炉** (PWR, pressurized water reactor)，東日本では，**沸騰水型原子炉** (BWR, boiling water reactor) である．どちらの原発でも水は大活躍している．原子炉とタービンの間を，水と水蒸気が相変化しながら循環する．タービンを回して電気をつくる点では，原子力も水力も火力と同じである．タービンを回す源が，水力では重力差で落ちる水，火力と原子力では水蒸気である．

原発では，水は原子炉に触れる．したがって，水に重金属，例えば**コバルト** (元素記号 Co) が微量でも溶けていると，次の反応によって，Co は放射化する．言い換えると，水が放射能をもつようになる．だから，Co^{2+} の濃度を極力低減させた超純水を採用している．

$$^{59}Co + 中性子 (n) \rightarrow {}^{60}Co$$

原発は定期点検が義務付けられている．そのときには，水を抜く．作業者の被ばく量を低減させるために，さまざまな管を流れている間に超純水中にわずかに溶けてくるコバルトをあらかじめ除去してほしいとの問い合わせがあった．

そこで，キレート形成基をもつ多孔性中空糸膜を作って，そこへ塩化コバルト ($CoCl_2$) 水溶液を透過させて Co 吸着除去性能を調べた．EDTA (第 1 章) の半分の構造をもつイミノジ酢酸基は「カニのハサミ」としてコバルトイオンを捕捉した．ただし，超純水中に微量にあるすべての金属イオンを吸着除去したいのなら，イミノジ酢酸基のような選択性の高い化学構造ではなくても，スル

ホン酸基のように何でも捕まえる化学構造でよい.

集積回路製造工場用の超純水 (30〜10 年前の話)

　集積回路製造工場は川の水から超純水をその工場で製造する. 超純水の製造工程を図 4.1 に示す. 念入りな工程である. 懸濁物は濾過フィルターにひっかけて取り除き, 溶けているイオンは, 陽イオンと陰イオン交換樹脂に吸着させて除

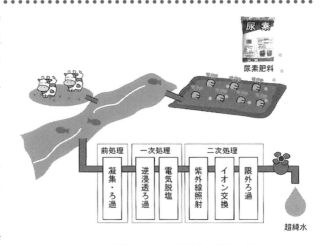

図 4.1 河川水からの超純水の製造工程

く．中性の有機物は，紫外線を照射して分解しイオンにする．そして，**イオン交換樹脂**に吸着させて除く．

超純水の水質に 2 つの未解決問題があった．まず，分解しきれずに，超純水に微量に残っている正体不明の有機物があった．この正体を突き止めることこそが難しかったという．なにせ極低濃度だったからだ．それは尿素だった．

尿素は肥料として田畑で大量に使用されている．そのうちの一部は近くの川の水に流れ込む．また，牧畜 (牛，豚，鶏) が尿を排出するため，そのうち一部は近くの川の水に流れ出る．

例えば，利根川の下流に位置する千葉県安孫子市にある日本電気 (株) の集積回路を製造する事業場でも超純水を自前で製造する．利根川の上流には，例えば，赤城山麓があって，そこには広大な田畑や牧場があるのだ．群馬県の肉用豚，乳用牛，そして肉用牛の頭数は，それぞれ全国第 4，5，そして 10 位である (2016 年度)．したがって，利根川に微量ながら尿素が流れていて不思議はない．尿素は小さな中性分子 (分子量 60) で，電荷の偏りがない．それだから捕まえどころがなく，除去されにくい有機化合物だったのだ．

次の問題が過酸化水素の残留だ．**紫外線** (UV) を水に照射すると，有機物が分解して，分子量が低下し，しかもイオンに変わる．除去しやすくなる．その代わりに，水から過酸化水素も生成する．

$$2\,H_2O \rightarrow H_2O_2 + 2\,H^+$$

有機物の分解に必要な分だけ UV 照射したいところだけれども，いつも同じ種類や量の有機物が水に入ってくるわけではないので，そうもいかない．UV 照射によって生じる過酸化水素は集積回路の製造に，わるいことはあっても，よいことはないだろうから除いておきたい．ここで，過酸化水素は，貴金属 (Pt や Pd) を担持した触媒を使えば，水と酸素に分解できる．

$$2\,H_2O_2 \rightarrow 2\,H_2O + O_2$$

keyword

イオン交換樹脂: 第 2 章 (p.19) を参照．
紫外線: 可視光線 (波長: 400〜800 nm) での紫色 (波長: 400 nm) の外側にある，波長が 10〜400 nm の範囲にある電磁波．

超純水の質をさらに極める

　集積回路製造工程で洗浄水として利用するために，尿素を除去しておきたい．不良品を出したくないからだ．ここで，バイオテクノロジーの研究をしていた頃を思い出した．そうだ，尿素を分解する酵素ウレアーゼ (urease; 図 4.2) がある．

　ウレアーゼの分子量は 480 kDa (kDa は「キロダルトン」と読む) である．触媒として参加する反応は次のとおり．

$$(NH_2)_2C=O + 3H_2O \rightarrow 2NH_4^+ + CO_2 + 2OH^-$$

尿素はウレアーゼによって分解されて，アンモニウムイオン (NH_4^+) と二酸化炭素 (CO_2) に変換される．NH_4^+ は陽イオン交換樹脂に捕まる．一方，CO_2 は水に溶けて HCO_3^- となり，陰イオン交換樹脂に捕まる．こうして尿素は水中から除かれる．

　ナイロン繊維に陰イオン交換基をもつ高分子鎖を付与して，そこに静電相互作用 (プラス電荷とマイナス電荷の引き合い) を介して酵素を吸着させた．その後，酵素を取り囲む液の性質が変化しても高分子鎖から酵素が外れて落ちないように，酵素の表面と表面を化学結合でつないだ．酵素間架橋と呼ばれる操作

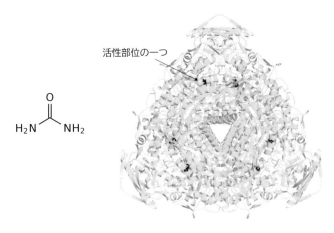

活性部位の一つ

図 4.2 尿素 (左) とウレアーゼの構造 (右)．右は豆由来のウレアーゼの 6 量体構造[2]．同心円上の 6 つの箇所が活性部位 (大谷悠介氏による作図)．

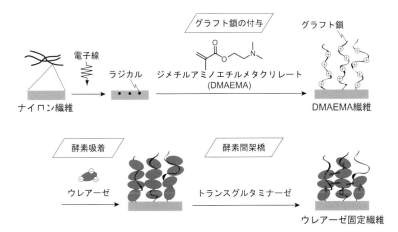

図 4.3 繊維上の高分子鎖へのウレアーゼの固定

である (図 4.3).

　ウレアーゼ固定繊維を使って，液中の尿素を分解してみた．超純水の製造現場に近い濃度での実験は私の研究室では困難であったけれども，できる限り薄い濃度で実施した．尿素水溶液をウレアーゼ固定繊維を充填した円筒に高速で流通させたとき，尿素をほぼ 100 % 分解できた．

　分子量 480 kDa のウレアーゼ 1 分子が超純水 1 L に漏れたとすると，たいへんなことになるのだろうか．計算してみよう．

$$4.8 \times 10^5 \div 6.02 \times 10^{23} = 8.0 \times 10^{-19}\,\mathrm{g/L}$$

1 ppq $(1 \times 10^{-12}\,\mathrm{g/L})$ の 100 万分の 1 に当たる．1 L にウレアーゼが 1 分子欠落する程度なら大事には至らなそうだ．そうは言うものの，尿素 (分子量 60) の 8000 倍も大きな分子がチップの上に降ってくる恐怖がある．超純水製造の技術者からしたら，私たちの提案には怖くて乗れないのかもしれない．

小型の超純水製造装置

　海水ウラン捕集の研究を進める中で，私たちの研究グループは研究費を獲得して少し裕福になり，そしてウランの定量分析に使う脱イオン水 (超純水とま

ではいかないが，イオンの量を相当に減らした水) の量が急増した．その頃，イオン交換樹脂の再生を外部でやってもらえる方法があると知った．イオン交換樹脂を充填した直径 20 cm，長さ 80 cm の頑丈なプラスチック製の白い筒が数本，内蔵された脱イオン水製造装置を購入した．そして脱イオン水の電気伝導度が上がってきたら，装置から白い筒を外して業者さんに手渡すと，替わりの白い筒を持ってきてくれた．

　脱イオン水の入手は楽になったけれども，お金がかかった．研究室の学生たちは，イオン交換樹脂塔の再生の原理を知らずに脱イオン水をふんだんに使っている．「ブラック」ボックスになった筒なのに「白い」筒であった．

　タンパク質精製の研究をするようになると，さらにきれいな水が必要になった．電気を使って自動再生する超純水製造装置が Millipore 社 (現在，Merck 社) から研究室用に発売され，コンパクトで評判がよかった．バイオの論文では，Millipore 水で通じるようになった．この**電気再生式脱塩装置**の出口から採れる水は，その装置名のとおり，純水から超純水の領域へ入っていた．超純水の定義は，その電気抵抗の値が理論純水の電気抵抗値 18.24 MΩ·cm に限りなく近い水のことである．

---

keyword

> **電気再生式脱塩装置**：イオン交換樹脂にイオンを吸着させるとともに，電場を与えてイオン交換樹脂を再生し，イオン交換膜を通してイオンを極限まで除去する装置．

◆○○アーゼ

　語尾に ase が付いている物質は「酵素」である．三共胃腸薬 (現在，第一三共胃腸薬) の成分の一つは高峰譲吉博士が発見した消化酵素タカヂアスターゼ (takadiastase) である．また，ドイツ語読みでは，ase を「アーゼ」と読むけれども，英語読みでは「エイス」と読む．したがって，urease は「ユリエイス」，catalase は「キャタレイス」が英語の読み方である．

　酵素は，アミノ酸が縮合した天然高分子であるタンパク質の一群を指す．基質と呼ばれる原料分子を囲い込む活性点をもっていて，その分子が関わる反応だけを促進する．別名，生体触媒である (第 10 章参照)．

5

地球の豊かさを守るレアメタルのリサイクル

(写真提供: Shutterstock)

都市鉱山水

日本では発見・採掘されない貴重な金属を輸入して，自動車，工作機械，電気製品などの部品の原料として使用してきた．製品寿命が過ぎたこれらの工業製品を収集すると都市鉱山が出来上がる．そこから貴重な金属を含む部品を取り出して一度，酸などを使って溶解させた水を都市鉱山水と呼ぼう．その水から金属を回収して再利用する．

登場元素: Ni (ニッケル)，Co (コバルト)，Nd (ネオジム)，
Dy (ジスプロシウム)，Pt (白金)，Pd (パラジウム)，
Rh (ロジウム)，Fe (鉄)，B (ホウ素)，Cu (銅)，
U (ウラン)，Pu (プルトニウム)，Zn (亜鉛)，Pb (鉛)，
Ag (銀)，Cd (カドミウム)

登場化合物: ネオジム磁石，塩酸 (HCl)，硫酸 (H_2SO_4)，硝酸 (HNO_3)，
抽出試薬 (代表: HDEHP)

都市鉱山水 ●●●●●●●●●●●●●●●

都市鉱山はどこにある？

●●●●●●●●●●●●●●●

　「都市鉱山」と初めて聞いたときに，どこにあるのか？　と考えた．東京にも千葉にもなさそうだ．「高尾山」でも「成田山」でもないだろう．都市鉱山とは，スマホやパソコンに内蔵されている電子部品に含まれる金属，そして車の**触媒**に利用されている貴金属を指している．人間が住む「都市」でこれらが，故障や寿命のため廃棄され，集められた場所は「大鉱山」である．

　スマホのバッテリーには，ニッケル (Ni) やコバルト (Co)，PC の磁石部品には，ネオジム (Nd) やジスプロシウム (Dy)，さらに，車の排気ガス清浄用触媒には白金 (Pt)，パラジウム (Pd)，ロジウム (Rh) という**白金族元素**が利用されている．これらの金属を経済的に成り立つ条件で産出できる鉱山は日本にはもうない．

　急いで机を配置換えしたときに，仲間の K 先生のノートパソコンを机から落としたことがある．画面にヒビが入り，不思議なデザイン画像になった．「たいへんなことをしてしまった．ワードの文書，エクセルのデータ，パワポのスライドなど，たくさんのファイルが入っていたに違いない．どうしよう．弁償のしようがない」と動揺している私に，K 先生は「きっと大丈夫です」と明るく言ってくださった．

　数日後，「修理に出したら，元通りになって戻ってきました」と K 先生から連絡があった．「よかった！」と思うと同時に「どうして内部のデータが壊れなかったのだろう」と不思議に思った．パソコンのメモリー部分 (ハードディスクドライブ，HDD) に強力な磁石が使用されていて振動や衝撃に強いからだという．

　史上最強の永久磁石であるネオジム磁石を開発・発明したのは佐川眞人氏である．住友特殊金属 (株) でこの磁石を完成させた (1984 年)．ネオジム磁石は，HDD だけではなく，携帯電話，電気自動車，エレベータ，電車，風力発電機にも利用されている．2012 年に Japan Prize (日本国際賞)，2022 年に英国の国際賞「エリザベス女王工学賞」を受賞している．当然ながら，佐川氏はノーベル賞の候補に毎年，挙がっている．

都市鉱山水 •••

ネオジム磁石に不可欠なレアアース

•••

　ネオジム磁石は 4 成分. ネオジム (Nd), ジスプロシウム (Dy), 鉄 (Fe), そしてホウ素 (B) からできている. 磁石のおもな化合物 (主相) は $Nd_2Fe_{14}B$ である. ここで, Dy はレアアース (希土類金属) に属し, その 99%が中国で産出されていて, 高価である.

　磁石は用途によって形状が違ってくるだろう. 板状の磁石から切り出す (切削する) らしい. 磁石は硬いから, 除熱のために油をさしながら刃物で切り出していくのだろう. そのときには粉 (切削粉) が周囲に飛ぶ. Nd や Dy が含まれていてもったいないから必ず回収するだろう. 残念ながら, 現場の見学をしたことがないので想像の世界である.

　切削粉から油分を除いて, そのまま少し溶かして固めれば, 初めの板状の磁石となるのなら, **3R** (Reduce, Reuse, Recycle) のうちの reuse に当たる. 現場ではそうではなく, 切削粉を強酸にすっかり溶解させて, そこから Nd と Dy を別々に純品にして再び戻すという recycle にするらしい.

　レアアースあるいはレアメタルが酸に溶けている液体を「都市鉱山水」と呼ぶことにしよう. 今後は, リチウムイオンバッテリー, 燃料電池といった最先端の製品の回収量が増えていき, それに伴って都市鉱山水も増えるだろう.

都市鉱山水 •

抽出試薬を使うレアアースの精製

• •

　固体の金属を溶かすには，塩酸 (HCl)，硫酸 (H_2SO_4)，硝酸 (HNO_3)，フッ化水素酸 (HF) といった酸の濃い液が利用される．溶けにくい貴金属を溶かすために濃塩酸と濃硝酸を体積比 3 対 1 で混ぜた王水といった液まで考案されてきた．水酸化ナトリウム水溶液のようなアルカリを使うと金属が水酸化物をつくって溶けないことが多い．ただし，アルミニウムは酸にもアルカリにも溶ける．

　金属を強酸に溶かして金属イオン種にしてから精製が始まる．鉱石からの有用金属 (銅，コバルト，ニッケル) の精錬や原子力発電での使用済み核燃料からの**ウラン**や**プルトニウム**の精製というニーズを満たすために，抽出試薬を使う液液抽出法が発展してきた．吸着法の欠点を補う分離の方法の一つである．

　吸着法に用いる高分子製吸着材の欠点の一つは，金属を捕捉する化学構造 (官能基) の導入量に上限があることである．それは，親水性の官能基が導入されても高分子が固体を維持するために，架橋構造をもたせているからである．この欠点を補うために，接ぎ木構造をもつ高分子製の吸着材が開発されている (第11 章参照)．

　液液抽出法が吸着法に比べて，いつも有利かというとそうでもない．水と混ざり合わない油 (有機溶媒) を使うという宿命がある．油はある程度水に溶けるし，界面で油の細かい粒になって水中に逃げることもある．すると水は汚れる．油が水と分かれにくいのは困るのだ．一長一短の世界だ．

　代表的な抽出試薬を図 5.1 に示す．抽出試薬の化学構造の共通の特徴は 2〜3本のギザギザの足をもつことである．ギザギザ部分の山の数は 2 個のことも 4個のことも，さらには酸性抽出試薬 HDEHP のようにギザギザが途中から分かれていることもある．このギザギザの中身はメチレン基 ($-CH_2-$) のつながったアルキル鎖だ．分かれているギザギザは分岐アルキル鎖と呼ばれている．

　このギザギザ部分が油の化学構造に近いので，抽出試薬は油に溶ける．抽出試薬の疎水性部である．一方，中心にあるリン酸基 (酸性抽出試薬の場合) や第四級アンモニウム塩基 (塩基性抽出試薬の場合) は，水に出合うと電離して，水

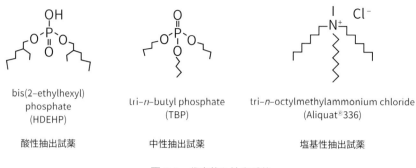

図 5.1　代表的な抽出試薬

中の金属イオンをイオン交換によって捕捉できる．抽出試薬の親水性部である．このように抽出試薬は役割を分担した 2 つの部分を併せもっている．

---

keyword

ウラン：　第 1 章 (p.2) を参照．
プルトニウム：　元素記号 Pu．ウラン鉱石にわずかに含まれる元素．大部分は人工的につくって核兵器の原料にする．広島に投下された原爆はウラン型，長崎に投下された原爆はプルトニウム型であった．

都市鉱山水 •

自動車排ガス浄化用触媒に使われている白金族元素

• •

　小学生，中学生の頃，東京都品川区五反田に住んでいた．東京の南東部で京浜工業地帯に近い距離にあった．晴れた暑い日に，校庭で遊んでいると，「光化学スモッグ注意報」が出ることがあった．大きな道路，五反田だと「環状六号線 (通称，山手通り)」では自動車の通行量が多く，空気が汚れていた．ガソリン燃焼に伴う不快・有害な臭いがした．現在でも，バイクは相変わらず，その臭いをまき散らしている．

　ガソリン車の排ガスに対する規制が，アメリカでの大気浄化法改正法 (通称，マスキー法) の成立 (1970 年) がきっかけになって厳しくなった．それに対応するために，原油からのガソリンの精製法を改善したり，排ガス処理用触媒の性

能を向上させたりという工夫がされた. 3 つの白金族元素 (Pt, Pd, Rh) を組み合わせた「三元触媒」が排ガス処理用触媒の定番になった.

　てっきり, 3 つの元素を使うから「三元」と名付けたと思ったらそうではなかった. 英語名は TWC (three-way catalyst) で元素の意味は含まれていない. エンジンからの排気の中の炭化水素, 一酸化炭素, そして窒素酸化物を次のように転化するので, 三通りの反応という意味で "three-way" という. しかし, 日本語訳で「三流」としては「三流触媒」では誰も使ってくれないだろう. それで, 3 つの元素を使うから「三元」になったと勝手に思っている.

- 炭化水素の酸化: H_2O と CO_2 へ転化
- 一酸化炭素の酸化: CO_2 へ転化
- 窒素酸化物の還元: N_2 へ転化

　3 つの元素 (Pt, Pd, Rh) ともに高価な貴金属なので, **コージェライト**と呼ばれるセラミックスの表面近くに微粒子として固定 (「担持」と呼ぶ) されている. 微粒子にすると, 同量でも表面積を大きくできる. さらに, 土台であるセラミックスの形状をハニカム (ハチの巣) にして排気の**流動抵抗**を小さくした. この三元触媒担持ハニカム状セラミックスが車に搭載されている. この触媒反応器は触媒コンバータと名付けられた. おかげで,「光化学スモッグ注意報」の発令頻度が減った.

　ハイブリッド車といえども, ガソリンエンジン付きだから触媒コンバータは搭載されている. ガソリン車でもハイブリッド車でもいずれ廃車になる. 車のメーカーは性能を上げ, デザインを進化させるので, ユーザーは買い替えをする. 廃車のとき, 触媒コンバータは車体から大事に外されて, リサイクル業者に買い取られる. セラミックス表面に担持された 3 つの白金族元素は溶解され,「都市鉱山水」が発生する. その後, これらの貴金属は液液抽出法によって精製されて再利用される. こういう過程を経て回収しても, 新規に購入するよりも得だからリサイクルされるわけだ.

keyword

> **コージェライト:**　自動車触媒の担持に使うための代表的なセラミック担体．酸化マグネシウム (マグネシア: MgO)，酸化アルミニウム (アルミナ: Al_2O_3)，そして酸化ケイ素 (シリカ: SiO_2) の 3 成分でできている．
>
> **流動抵抗:**　管に流体 (液体や気体) を流したときに発生する摩擦による抵抗である．言い換えると，ポンプを使って，管に流体を流動させるときに必要な圧力のこと．

鉱山水 ●

鉱山跡の巨大空間に超純水を注いでニュートリノ観察

● ●

　鉱石の出る山だから鉱山という．都市鉱山に対抗して言葉を敢えて作ると，「山間鉱山」となる．こちらが鉱山の本家本元だ．日本にも山間鉱山は昔からたくさんあった．品質のよい鉱石を掘り尽くして廃止になったり，コスト競争力が弱まって休止になったりした鉱山が多い．鉱山といっても，金，銀，銅など，採れる金属はいろいろある．

　新潟県の佐渡金山，鹿児島県の菱刈金山，島根県の石見銀山，栃木県の足尾銅山，茨城県の日立銅山，愛媛県の別子銅山，……というふうに，地名とおもに採れる金属の名をつなげて鉱山名を付けている．一方，石炭だと，北海道の石狩炭田，長崎県の高島炭田，福岡県の筑豊炭田，……と名付けている．閉山した鉱山の跡地には，博物館や資料館ができ，観光坑道を見学できるところが多い．

　岐阜県飛騨市にある神岡鉱山 (三井金属鉱業神岡鉱業所) は，亜鉛 (Zn)，鉛 (Pb)，銀 (Ag) を産出する鉱山だった (図 5.2)．亜鉛鉱石に含まれるカドミウム (Cd) が流れ込んだ富山県神通川の流域で，大正から昭和 20 年代にかけて「イタイイタイ病」(体じゅうが激しく痛むのでこの名が付いた) が発生した．2001 年に採掘を中止している．

　この神岡鉱山の坑内に純水を張って，宇宙からやってくる**ニュートリノ**を観測する装置「カミオカンデ」(1996 年からは「スーパーカミオカンデ」が稼働) が設置された．この神岡観測グループの代表である小柴昌俊先生が「宇宙ニュートリノの検出に対するパイオニア的貢献」についてノーベル物理学賞を 2002

図 5.2 神通川と神岡鉱山とカミオカンデ

年に受賞している。そのときに，純水の精製も担当した梶田隆章先生が後に，「ニュートリノに質量があることを示す，ニュートリノ振動の発見」についてノーベル物理学賞を 2015 年に受賞している。

---

keyword

> **ニュートリノ**：電気を帯びていない，小さな素粒子。日本語では中性微子（「ちゅうせいびし」と読む）と言う。ただし，あまり聞いたことがない。

鉱山水 •••••••••••••••••••••••••••••••••

銅鉱山の廃水が招いた公害
•••••••••••••••••••••••••••••••••

　農民が銅鉱床を発見してから，足尾の山に縦横無尽に坑道が作られていった。足尾銅山の開山と閉山は，それぞれ 1610 年（関ヶ原の戦いが 1600 年）と 1973 年である。掘り出した銅鉱石が銅色できらきら輝いているわけではなく，銅の含有量（品位）は 0.5〜2％程である。銅鉱石は破砕されて銅の濃縮部分だけが回収される。これは精鉱（concentrate）と呼ばれ，銅の品位は 30％程になる。精鉱から金属を取り出す操作を「製錬（smelting）」といい，さらに，不純物を取り除いて純度の高い金属を取り出す操作を「精錬（refinery）」という。製錬の方式には，乾式と湿式がある。

　乾式製錬では文字どおり，強酸といった液体を使わずに，代わりに高温で鉱石を処理する。そのために周辺の山々の木々を伐採して燃やした。鉱石に含まれる窒素分や硫黄分は，それぞれ NO_x，SO_x として煙となって鉱山に隣接する

図 5.3 渡良瀬川と足尾銅山と渡良瀬遊水地

製錬工場から放出され，雨が降ればそれは硝酸や硫酸になった．そのせいで煙が辿り着く山々の木々は枯れた．

銅の多い部分を鉱石からくり抜くわけにもいかないので，湿式製錬では，鉱石を砕いた後，硫酸に浸して，銅の部分を溶かす．同時に，他の有用あるいは有害金属も酸に溶け出してくる．

銅を含む酸性液から，最終的には銅板を製造するさまざまな工程を経るうちに廃液が出る．その廃液をいったん溜めておき，少しずつ近くの川 (足尾なら，渡良瀬川) に排出していた．ところが，大雨が降って，洪水が起きると，一気にその廃液が流れ出し，鉱毒 (鉱山の毒) すなわち有害金属を多く含んだ川になった．

渡良瀬川は，足尾銅山のある栃木県から南西に下って群馬県に入り，桐生の手前から大きく東に曲がる (図 5.3)．それとともに，流れが緩やかになる．栃木県に再び入って利根川に合流する．合流地点の手前に谷中村があって，渡良瀬川の水を農業用水に使っていた．明治時代 (1868〜1912 年) の話である

洪水によって渡良瀬川が氾濫し，足尾銅山の鉱毒が一気に流れて渡良瀬川を汚した．魚が大量に死に，渡良瀬川の水を農業用水にしていた流域の村々では稲が立ち枯れた．農民らはデモをおこない，被害の状況を政府に訴えた．

栃木県選出の衆議院議員であった田中 正 造(1841–1913) は，帝国議会で農商務省に対策を迫った．しかし，なかなか事態は好転しなかった．田中は政府を見限り，1901 年に議員を辞職した．その年，帝国議会から帰路につく明治天皇に直訴を試みた．

　その後，遊水地を作るという理由から谷中村は強制廃村となった．現在は広大な「渡良瀬遊水地」になっている．私は展望台から遊水地を見渡し，ここに移住して鉱毒反対運動を貫いた田中正造を想った．

　日本では，戦後の高度経済成長期 (1950 年代後半〜1970 年代) に，鉱山廃水よりも，化学工場からの排水や排気が悲惨な害を引き起こしてきた．特に，四大公害病は患者を長く苦しめた．四大公害病は「カドミウム・イタイイタイ病」(富山)，「メチル水銀・水俣病」(熊本)，「亜硫酸ガス・四日市ぜんそく」(三重)，そして「メチル水銀・新潟水俣病 (第二水俣病)」(新潟) を指す．これらのうち，3 つが金属の溶けた水が起こした害である．鉱山廃水による悲劇から得た教訓を生かして都市鉱山水からのレアメタルの回収は慎重に実施されている．

◆わたらせ渓谷鉄道

　群馬県の桐生駅を起点，栃木県の間藤駅を終点とする「わたらせ渓谷鉄道」が，単線，現役で走っている．鉄道ファンに人気がある．途中駅の沢入駅に偶然に立ち寄ったときに，見覚えのある薄い青に塗られた歩道橋を見つけた．2018 年度上半期の NHK 朝の連続テレビ小説「半分，青い.」で，永野芽郁さんが演じる鈴愛と佐藤健さんが演じる律が 5 年ぶりに再会する場面に登場した歩道橋だと思い出した．

　終点の間藤駅の前の駅が足尾駅，そしてその前の駅が通洞駅である．通洞駅から降りて 5 分程歩くと，「足尾銅山観光」という建物がある．そこで切符を買ってトロッコ列車に乗って坑道を 100 m 程奥へ入って行った．終点で降りて薄暗い坑道を歩き進むと，木材で支えた坑道の両側に，鉱石を掘り出す抗夫の仕事の様子がわかる人形が展示されていた．

6

いつも同じ味と色のお茶を淹れる工夫

(写真提供: Shutterstock)

お茶の水

急須でお茶を淹れると，毎回，味や色が違う．自販機，コンビニ，スーパーなどに並んでいるボトルに入っているお茶の味や色はいつも同じである．飲料から苦みの元であるカテキン類を捕捉する高分子製吸着材を使うことがある．現状では使い捨てられている．

登場元素:　I (ヨウ素)

登場化合物:　カフェイン，カテキン，ナイロン，ポリプロピレン，ポリビニルピロリドン (PVP)，ポリビニルポリピロリドン (PVPP)，ヨウ化カリウム (KI)

お茶の味と色をいつも同じにするのはたいへん！

　小学生から高校生までは，お茶は急須で淹れて飲んでいた．赤茶色の瀬戸物の急須だった．湿気が入らないように密封性の高い缶に茶葉が入っていた．缶の蓋を開け，缶を少しずつ振って適量の茶葉を蓋の内側に受け取る．それを急須に投入する．その後，お湯を注いでしばらく待つ．お茶の成分の抽出が起きてお茶の香りがしてくる．

　茶葉の種類，お湯の温度，お湯と茶葉の量の比，そして抽出時間に依存して，お茶の味と色が変わる．

　「今日のお茶，おいしいね」

　「今日のお茶，いい色だね」

　「今日のお茶，濃いね」

とか，私たちは会話をしてきた．

　35年前に，研究室に3名程の来客があったので，学生に「お茶淹れて……」と頼んだ．なかなか，お茶が出てこないので，中座して部屋の隅に行ってみると，その学生が急須の先をお茶碗に向けて悪戦苦闘していた．「どうした？」と聞くと，「お茶が出てこないんです.」どれどれと急須の蓋を開けてみると，膨れた茶葉が溢れてきた．「お茶っ葉，入れ過ぎだよ！　お茶淹れたことないの？」学生は「はい」と明るい返事．お茶はお母さんがいつも淹れてくれていたという．この本当の話を「万事急須（万事休す）」とまとめた．

　スーパーマーケットやコンビニには，お茶のペットボトルがたくさん売られている．種類も，緑茶，ウーロン茶，ほうじ茶，麦茶まである．「綾鷹」の日本コカ・コーラ，「お～いお茶」の伊藤園，「伊右衛門」のサントリー，そして「生茶」のキリンビバレッジと，人気俳優を採用したCMをうって緑茶市場で争っている．

　価格は揃ってくるから味が勝負である．人によって好みが違うのは仕方ないとしても，それぞれのブランドで味の変動があってはいけない．「前回より，今回，苦いなあ」となると，味ではなく製造法がまずい．いつもの旨味や苦味でないと支持を得られないだろう．お茶の旨味や苦味を揃えるのが，家庭でのお茶淹れよりもずっとたいへんである．

お茶の苦み (カテキン) を調節したい

　カフェインの化学構造を図 6.1，そして，お茶に含まれるおもな**カテキン** 4 種類の化学構造を図 6.2 に示す．お茶の業界では，脱カフェイン，脱カテキンが流行になった．ビールの業界では，脱**プリン体**，カロリーゼロが進んだ．脱カフェインのお茶は，高齢者や子供に飲みやすく，脱カテキンも苦いお茶が苦手な人に好まれる．「眠れなくなったり，苦さがいやならお茶を飲まなきゃいいのに！」，「カロリーを気にするならビールを飲まなきゃいいのに！」と思っても口に出してはいけない．ビジネスは消費をつくり出すことでもある．

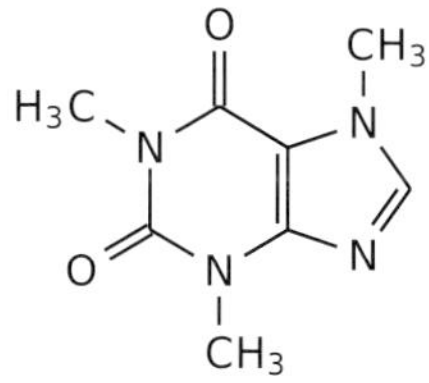

図 6.1　カフェインの化学構造

〈エピカテキン (EC)〉

〈エピガロカテキン (EGC)〉

〈エピカテキンガレート (ECG)〉

〈エピガロカテキンガレート (EGCG)〉

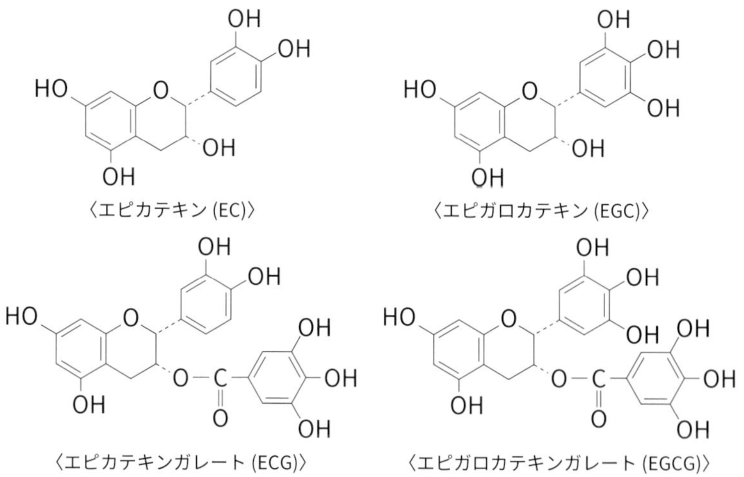

図 6.2　お茶に含まれるおもなカテキン

　10 年程前に大学院の講義で教えた塩野貴史さんが，キリン (株) (現キリンホールディングス (株)) にいて，脱カフェインしたお茶を開発していた．吸着材を作る研究をしていた私を思い出し，メールをくれた．「ご相談があります．千葉大に行きます」というので，懐かしくて OK した．

　塩野さんは，カフェインを吸着除去できる吸着材を探していた．初めて聴く話だったので，とりあえず，研究室で用意できる繊維状の吸着材を少量ずつ揃えて手渡した．陽イオン交換繊維，陰イオン交換繊維，キレート形成繊維，タンニン固定繊維，そしてナイロン繊維であった．2 週間程して塩野さんが再び来訪した．「全種，ほとんど吸着しませんでした」との残念な報告だった．

　がっかりしつつ，話は脱線していった．お茶のカテキンを除去するには，PVPP という粉末状の吸着材 (以後，粉末吸着材) があって使うときがあると言う．「その PVPP って何の略？」先頭に P が付いているから高分子製なのだろう．「たしか，ポリビニルポリピロリドンです．」

　「ポリ」が 2 つも入っていて変だなと思って，インターネットで調べると，その名で載っていて，英語名は polyvinylpyrrolidone cross-linked とある．日本語にすると，「ポリビニルピロリドン，架橋されている」という意味だ．別名も書いてあって，「クロスポビドン」，架橋型ポビドンだ．「なに？ ポビドンだって！」ここで，頭の中で「ポビドンヨード」とつながった．塩野さんに言った．「それなら，繊維状の吸着材を作れます！ 作らせてください．」

---

keyword

カテキン: ポリフェノールという大分類の中のフラボノイドの一種がカテキン．お茶の渋み成分．

カフェイン: コーヒーや茶に含まれるメチルキサンチン類の一種．覚醒作用をもつのでエナジードリンクや栄養ドリンクに用いられる．また，解熱鎮痛作用をもつので総合感冒薬や鎮痛剤に用いられる．

プリン体: プリン体は肉や魚に含まれる旨味成分で核酸が主成分．肝臓でプリン体は尿酸へ変換される．この尿酸が体に蓄積し結晶化すると「痛風」という病気になる．足の親指の付け根に激痛が走る．脱プリン体とは食品からプリン体を除くこと．

カテキンを捕まえる吸着材の名は PVPP

　ポリビニルピロリドン (PVP) のピロリドン部分を架橋した高分子をポリビニルポリピロリドン (PVPP) と名付けている．だから，2つ目の「ポリ」が「ピロリドン」の前に入ったのだろう．

　PVP は水によく溶ける．私は毎晩，PVP を見てから寝ている．それはハードコンタクトレンズの保存液のプラスチック容器に「うるおい成分 PVP 配合」と表示されているからだ．コンタクトレンズを外し，その液に漬けて寝床へ向かう．

　高分子の場合には，食塩 (NaCl) のように Na^+ と Cl^- というイオンになって水に溶けるわけではなく，高分子の鎖 (以後，高分子鎖と略記) が水に広がることを溶けるという．水によく溶ける高分子 PVP に架橋構造をもたせるために作ったのが PVPP だから，親水性の高分子鎖といえども広がりが制限され，PVPP は水に溶けない (第 11 章参照)．溶けないなら，PVPP は固体の吸着材として，水素結合を介してさまざまな有機化合物，例えば植物**ポリフェノール**を捕捉できる．

　図 6.3 にカテキン低減緑茶飲料の製造プロセスの例を示す．大きなタンクに茶葉を入れて，お湯で成分を抽出する．品質管理の一項目である苦みの度合いを一定にするのに，粉末吸着材を投げ入れてカテキンの一部を吸着除去する．その後，カテキンを捕捉した粉末はフィルターで濾過して取り除かれる．フィ

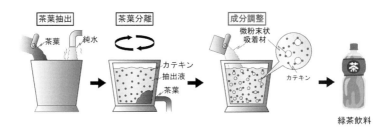

図 6.3　カテキン低減緑茶飲料の製造プロセス

ルターを通った液体がペットボトルに入って緑茶飲料の商品になる.

　カテキンを捕捉した粉末吸着材は再利用されずに廃棄されるそうだ.　粉末の処理に時間がかかるからだ.　いまどき, もったいない.「SDGs (Sustainable Development Goals) に反するではないか!」と言っておきたい.

> **keyword**
>
> **ポリフェノール**:　第 1 章 (p.7) を参照.

◆ PVPP と PPAP

　ポリビニルピロリドン (PVP) には別名があってポビドンである.　ポリビニルピロリドンの 10 文字を 4 文字に縮めた.「西郷隆盛どん」を「西郷どん」にする縮小率より高い.

　ポビドンの用途は何といっても, うがい薬「ポビドンヨード」だ.　ポビドンヨードの「ヨード」はヨウ素のフランス語名 (iode) である.　ポビドンはヨウ素と錯体を形成する.　小さい頃,「カバくん」のキャラクターが容器に載っている「イソジンうがい薬」を水で薄めてうがいしたことが何度もある.

　つぎに PVP を架橋した PVPP の話.　当時 (2016 年), 世界中で「ピコ太郎」さんの PPAP が大ブレークしていた.　PPAP は, Pen Pineapple Apple Pen (コロナ禍では Pray for People and Peace になっている) であり, 高分子とは無関係である.　私は当初, PVPP と PPAP とを混同していた.

接ぎ木型ポビドンヨード

　水溶性の高分子を水に溶けなくする方法の典型が「架橋」である.　しかし, もう一つの方法として「接ぎ木 (グラフト)」がある.　水に溶けない高分子, 例えば, ナイロンを基材 (接ぎ木の幹木となる出発材料) にして, そこに水に溶ける高分子の鎖を接ぎ木しても, できた接ぎ木高分子鎖の片端が基材に固定されているから, もう一方の片端がどのように広がっても全体としては溶けない.　N–ビニルピロリドン (NVP) を接ぎ木してつくった高分子鎖によって, 水素結合を利用してカテキンを捕捉する仕組みを図 6.4 に示す.

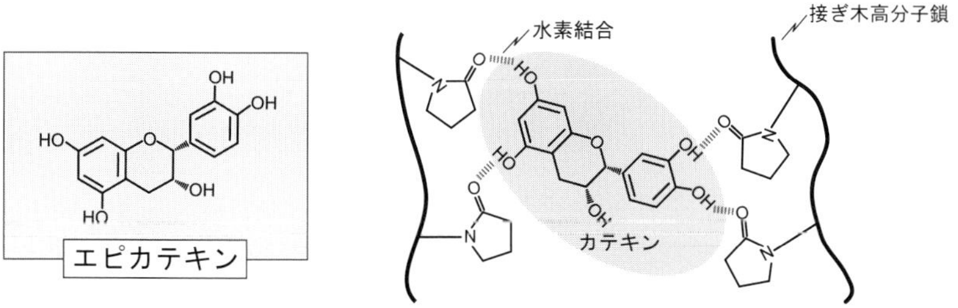

図 6.4　接ぎ木高分子鎖によるカテキンの捕捉

◆ポビドンヨード固定マスク

　ポリプロピレン (PP) が芯材そしてポリエチレン (PE) が鞘となった不織布に，N–ビニルピロリドン (NVP) を接ぎ木重合した後で，ヨウ化カリウム (KI) とヨウ素 (I$_2$) の混合水溶液に浸した．すると，接ぎ木高分子鎖である PVP (NVP の重合体だから PVP) とヨウ素が錯体を形成した構造をもつ不織布が出来上がった．接ぎ木型ポビドンヨード (図 6.5) である．「イソジンマスク」として明治製菓 (株) から 2015 年まで販売されていた．2016 年からは「グラフト・シャットフィルターマスク」として (株) 環境浄化研究所が販売している．

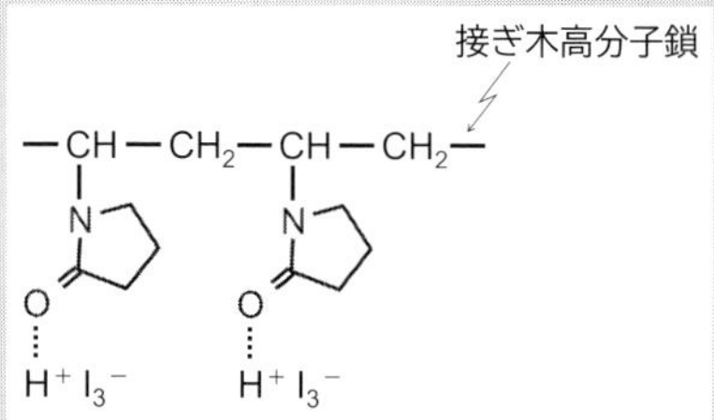

図 6.5　接ぎ木型ポビドンヨード

架橋型粉末吸着材 vs 接ぎ木型繊維吸着材

　いよいよ，現行の粉末吸着材 (PVPP の市販品) と吸着繊維 (ナイロン繊維に NVP を接ぎ木重合した繊維) の対決だ．高分子構造で言うと，「架橋」vs「接ぎ木」，形状で言うと，「粉末」vs「繊維」である．お茶の抽出液の模擬液としてカテキン水溶液を使ってカテキンの吸着量を比較した．これは楽しみな対戦だ．

　カテキンの液中の濃度と，液に投げ込む粉末あるいは繊維の重量を変えて，液中のカテキン濃度が変化しなくなるまで接触させた．液中のカテキン濃度が変わらなくなったら吸着が**平衡**に達したと見なすことができる．

　液中のカテキン濃度の減少量に液量を掛けると，粉末あるいは繊維に吸着したカテキン量を算出できる．そのカテキン吸着量を粉末あるいは繊維の重量で割って，吸着材 1 g 当たりのカテキン吸着量を算出した．

　縦軸に吸着材 1 g 当たりのカテキン吸着量，横軸に吸着が平衡に達したときの液中のカテキン濃度をとってプロットする．そして，そのプロットを線で結ぶと吸着等温線が得られる[1]．その名のとおり，液温が一定のもとで測定する．「線」と言っても電車の名称ではない．「終着東横線」に聞こえるときがある．

　図 6.6 で，粉末吸着材の吸着等温線は，吸着繊維のそれの上を行っている．上にあることはそれだけカテキン吸着量が多く有利である．しかし，対決の勝負はまだついていない．

　2 つの曲線はともに，液中のカテキン濃度が高くなるにつれて寝てきている．水平になりそうだ．こういう形の曲線は，「Langmuir の吸着等温式」と呼ばれる次式で表される．Langmuir 博士 (1881–1957) は表面科学についてのアメリカの大科学者だ．1932 年にノーベル化学賞を受賞している．

$$q = \frac{q_m K C}{1 + K C}$$

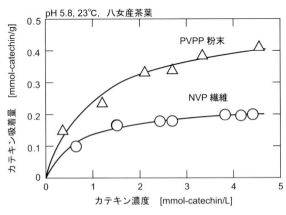

図 6.6　カテキンに対する吸着等温線

表 6.1　Langmuir の吸着等温線の式中の q_m と K の値

カテキン飽和吸着量 q_m [mmol/g–吸着材]	粉末 0.50 > 繊維 0.23
[mmol/g–NVP]	粉末 0.056 = 繊維 0.059
吸着平衡定数 K [L/mmol]	粉末 8.8 < 繊維 13

ここで，q と C は，それぞれ図 6.6 の縦軸と横軸だ．式の分子の q_m は，吸着等温線が水平になったときの縦軸の値，言い換えると，吸着材 1 g 当たりのカテキン飽和吸着量．一方，式の分母の K は吸着の相互作用 (ここでは水素結合による相互作用) の強さを表す定数である．吸着平衡定数と呼ばれている．この値が大きいほどカテキンと吸着材との相互作用が強いことになる．

そこで，粉末吸着材と繊維吸着材の吸着等温線をこの式で近似して求めた．それぞれの q_m と K の値を表 6.1 に示す．

この結果は当たり前ながら，うれしい結果だ．吸着材 1 g 当たりのカテキン飽和吸着量 q_m は粉末吸着材のほうが大きかった．これを NVP 1 g 当たりのカテキン飽和吸着量に換算すると，値はほぼ等しくなった．粉末にせよ繊維にせよ，カテキンを捕まえている化学構造はピロリドンであり，吸着の相互作用も水素結合だから同じ値になるのは理にかなっている．

吸着平衡定数は，吸着繊維は粉末吸着材の 1.7 倍の値になった．これは，架橋された高分子鎖上にあるピロリドン構造に比べて，グラフト高分子鎖上にあるピロリドン構造はしなやかなので，カテキンとの相互作用が強いことを示している．「捕捉され心地」がよいのだろう．

---

keyword

平衡:　ここでは吸着現象の話だから，吸着質が吸着材へくっ付く速度と吸着質が吸着材から離れる速度が等しくなって，液中の吸着質の濃度が変わらなくなったことを指す (第 1 章 p.12 を参照)．

使い捨てずに繰り返して使用できるカテキン吸着材

話を原点に戻すと，吸着平衡のとき同一のカテキン濃度に対する 1 g 当たりのカテキン吸着量で，粉末吸着材は吸着繊維に勝っている．しかし，これで勝

負あった，ではない．粉末は使い捨てなので，毎回新品を買って使う．繊維は
アルカリ液 (例えば，0.1 mol/L 水酸化ナトリウム) でカテキンをすべて溶出で
きるので繰り返して使える．しかし，繰り返して使うには，アルカリ液を調製
し，水で何度か洗う必要があるから費用がかかる．ここまで来ると，カテキン類
を飲料から吸着除去するための全体の費用を出してみて，飲料を製造するメー
カーが勝負の結果を決するのだろう．

7

海の豊かさは魚だけではない: 食塩，ウラン，そして水

（写真提供: Shutterstock）

海　水

海水には塩化ナトリウムや苦汁^{にがり}が溶けている．それだけでなく，電池の原料になるリチウムや原子炉の燃料になるウランも溶けている．高分子で作ったイオン交換膜や逆浸透膜を使って，それぞれ食塩や真水を得ている．海水は私たちの貴重な資源の代表である．

登場元素:　Na (ナトリウム)，Cl (塩素)，U (ウラン)，
　　　　　　　Li (リチウム)，K (カリウム)，Ca (カルシウム)，
　　　　　　　Mg (マグネシウム)

登場化合物:　食塩 (NaCl)

食塩づくり ●

食塩の袋に書いてあるイオン膜・立釜って何？

● ●

　買ってきた食塩の袋の裏面に製法「イオン膜・立釜」と記載されている.「塩田法」とは書いていない. 2015 年上半期の NHK 朝の連続テレビ小説「まれ」(主演: 土屋太鳳さん) で, 石川県輪島市近郊の砂浜で, 主人公のおじいさんが空の様子を見ながら海水を撒いて塩づくりをしていた. このドラマが全国放送されていたので, 視聴者の中には, 今でも砂浜の塩田で塩が作られていると思っている人もいるだろう. しかし, この塩づくり (塩田法) はまさに「まれ」なのだ.

　今でも塩の原料は海水に変わりはない. 今, 日本では, 塩田法でのお日様の代わりに, 石炭を燃やしてつくる熱と電気を使って塩を作っている. 場所はおもに瀬戸内海沿岸だ. 私の大学院時代からの親友, 野﨑泰彦氏は, 1829 年から続く, 製塩業を引き継いで, 現在, ナイカイ塩業株式会社を経営している.

　岡山県玉野市にあるナイカイ塩業 (株) の本社工場を見学した. **イオン交換膜**を搭載した電気透析槽によって海水濃度を約 7 倍まで濃縮し, それに続いて, **真空式蒸発装置**を使って食塩を析出させる工程を経て「食塩」を作っている. このイオン交換膜と真空式蒸発装置を, それぞれ「イオン膜」と「立釜」と呼んでいる. 韓国, 台湾, そしてクウェートもこの製塩法を一部採用している.

　製塩工程は大まかに言うと,「砂濾過」,「電気透析」, そして「真空蒸発」から成る (図 7.1). 原料は海水, 製品は食塩である.

　工程の順に説明する. まず, 砂を充塡した大きな濾過装置の上から下へ, 瀬戸内海からポンプで汲み上げた海水を通す. 海藻のかけら, 植物性・動物性プ

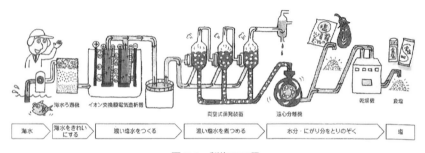

図 7.1 製塩の工程

ランクトンや無機化合物の微粒子などが砂の上，あるいは砂と砂の間に引っかかる．砂の形やサイズ，砂に付着した微生物によって，砂濾過槽を通した海水の清澄の度合いは決まる．

---

keyword

イオン交換膜:　高分子鎖にイオン交換基を導入して膜状に成形した高分子材料．陽イオン交換基としてスルホン酸基 ($-SO_3H$) を導入すると陽イオンだけを膜に透過させることができる．一方，陰イオン交換基として第四級アンモニウム塩基 (例えば，$-N(CH_3)_3OH$) を導入すると陰イオンだけを膜に透過させることができる．

真空式蒸発装置:　海水を原料にして食塩を作る (製塩) 工程では，まず，電気透析槽で海水を 7 倍に濃縮する．つぎに，その海水 (「かん水」と呼ばれる) から水を蒸発させて煮詰める装置 (缶) が真空式蒸発装置である．缶内を減圧して直列に多段つなぐことによって水の蒸発を促進している．

食塩づくり ●

電気を使って海水を 7 倍に濃縮

● ●

　つぎに，電気透析槽へ海水が供給される．高校の体育館程の大きさの建物に電気透析槽が整然と 20 基程設置されている．1 基につき，横 1 m×縦 2 m×厚み 0.1 mm のサイズの陽イオン交換膜と陰イオン交換膜の対が 2100 対交互に並べられている．膜と膜の間に液が通る隙間 (室) ができるように，膜の周縁に厚み 0.5 mm の枠が組み込まれている．2100 対の膜を挟み込んだ構造の両側に電極板を取り付けて電気を通す (図 7.2)[1]．

　陽イオン交換膜はその名のとおり，陽イオンだけを通す．一方，陰イオン交換膜は陰イオンだけを通す．すると，膜と膜との間の室は交互に濃縮室と脱塩室となる．この濃縮の仕組みは，だれが考えたのだろうか？　すごい．結果として濃縮室の液 (これは「かん水」と呼ばれる) の NaCl 濃度は 3.5 mol/L 程に達する．それでも飽和濃度 (5.4 mol/L，20°C) より低い．そうしておかないと食塩が析出して濃縮室やそれにつながる配管が詰まってしまう．

　陽イオン交換膜は二価の陽イオン (例えば，Ca^{2+} や Mg^{2+}) を，一方，陰イオン交換膜は二価の陰イオン (例えば，$SO_4{}^{2-}$) を通しにくく，一価イオンを選

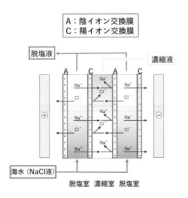

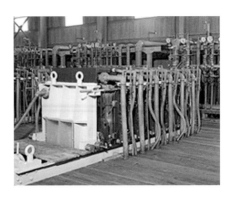

(1) 濃縮と脱塩の仕組み　　　　(2) 電気透析槽 (ナイカイ塩業 (株) ホームページから)

図 7.2　製塩工場で稼働している電気透析槽

り好みして通すように膜が設計されている. 製塩用イオン交換膜は優れモノだ. 製塩工場では, 副産物として, $Mg(OH)_2$ と KCl を製造している.

　さらに, 高さ 30 m 程の塔を 4 つ並べた真空式蒸発装置を使って, かん水から水を飛ばして食塩の結晶を析出させる (この操作は**晶析**と呼ばれている). サイズを揃えた食塩を自動包装し, パレットに積み付けて出荷に備える.

　このように日本の塩は, 石炭を電気や熱のエネルギー源に使って海水から食塩を作っている. 日本の総人口が減って, 食塩の消費量が年間 100 万 t を切って 89 万 t (2018 年度) になった[2]. そのうえ, 減塩が叫ばれて需要が落ち込んでいる. 岩塩や天日塩が海外から輸入されているが, 塩の自給率の維持は国家の一大事. 海外の安い塩に負けないように製塩技術は日々, 改善されている.

> **keyword**
>
> **晶析:** 結晶が析出する, 言い換えると固体が液中に生成する現象.

◆塩が給料だった

　他の国では, 岩塩や天日塩を利用している. オーストリアのザルツブルクという町は, その名のとおり, salz (塩) と burg (砦) で「塩砦」であった. この町は岩塩の採掘・出荷・流通の地として繁栄した. モーツァルトは 1756 年にこの町に生まれて 25 歳まで住んでいた. モーツァルトはザルツブルク大司

教の宮廷に音楽担当として仕え，大司教から給料として岩塩をもらうことも
あった．

　一方，天日塩 (海塩) として，フランス西海岸ブルターニュ地方のゲランド
塩田が有名だ．観光地モンサンミッシェルに近い．その塩は甘みを感じるそ
うで「海の果実」と呼ばれている．

　岡山県倉敷市児島にある野﨑家塩業歴史館を見学したときに，塩田を営む
野﨑家の従業員の給料が，当時，塩田で作った塩で支払われていたと知った．
職種によって塩の量に差があった．オーストリアでも日本でも塩はお金の代
わりになるほど重要な物資であった．給料をサラリー (salary) というのは塩
(ラテン語で salarium) に由来している．

海水ウラン捕集 ・・

さすが海底のスープ，海水にはウランもリチウムも溶けている

・・

　海水は海底の岩石のスープと呼ばれるくらいだから，海水には多数の元素が
さまざまな形態と濃度で溶けている．数ある身のまわりの水のなかでも，その
複雑さでは海水はチャンピオンである．$1\,\mathrm{mg/L}$ ($\fallingdotseq 1\,\mathrm{mg/kg}$) を境目として，そ
れより濃い成分を主成分，薄い成分を微量成分と呼んでいる．微量成分は，分
析化学が発展して，低濃度まで，高精度で，迅速に測定可能になった．

　塩(しお)と言うと，狭い意味では塩化ナトリウム (NaCl) である．広い意味では塩類(えんるい)
を指す．ビーカーに海水を取ってきて水を蒸発させたときにビーカーの底に残
る固体が塩類である．そこには，NaCl はもちろんのこと，$\mathrm{MgCl_2}$, $\mathrm{CaCl_2}$, KCl
など，なんでもかんでも入っている．

　私は，海水からの NaCl の捕集，言い換えると，塩の製造 (略して「製塩」)
の研究にも，海水からのウラン (U) の捕集の研究にも携わった．塩分 3.5％の
うち 78％が NaCl として，NaCl は $1\,\mathrm{L}$ に $27\,\mathrm{g}$ 溶けているから，NaCl の濃度
はその式量 $(23 + 35.5 = 58.5)$ で割って $0.47\,\mathrm{mol/L}$ である．一方，U は $1\,\mathrm{L}$
に $3.2\,\mathrm{\mu g}$ ($\mathrm{\mu g} = 10^{-6}\,\mathrm{g}$) 溶けているから，U の濃度はその原子量 238 で割って
$1.3 \times 10^{-8}\,\mathrm{mol/L}$ である．したがって，モル比は

$$\frac{(NaCl \text{ のモル数})}{(U \text{ のモル数})} = \frac{0.47}{1.3 \times 10^{-8}} = 3.6 \times 10^7$$

3600 万倍である. 海水に溶けているイオンの数にはこのように大きな差がある. ついでながら, 金 (「かね」でなく「きん」) も 0.00002 μg/L で溶けている[3]. 捕集するのに「金」がかかりすぎて無理だろう.

海水中に溶けている元素の鉱山を陸上で探査するとなるとたいへんだ. また, 鉱山を発見したとしても対象金属を酸で溶かし出して液にする必要がある. その点, 海水溶存資源は初めから液中にある. しかし, なによりも薄いのが欠点である. そこで, ウランやリチウム (Li) の海水溶存資源量を計算してみよう.

- 地球の直径: 約 1 万 3000 km
- 地球の表面積: $3.14 \times (1.3 \times 10^4)^2 = 5.3 \times 10^8 \text{ km}^2$
- 海の面積: 地球の表面積の約 70% $= 5.3 \times 10^8 \times 0.7 \text{ km}^2 = 3.7 \times 10^8 \text{ km}^2$
- 海の平均深さ: 約 3800 m (富士山の高さ 3776 m に相当)

したがって,

- 地球の海水の全量: $3.7 \times 10^8 \times 3.8 \text{ km}^3 = 1.4 \times 10^9 \text{ km}^3$

この量に, ウランおよびリチウムの濃度, それぞれ 3.2 mg–U/m^3, 170 mg–Li/m^3 を掛け算する. Li は U の約 50 倍濃い.

- U の総量: $1.4 \times 10^9 (10^3 \text{ m})^3 \times 3.2 \times 10^{-3} \text{ g–U/m}^3 = 4.5 \times 10^{15} \text{ g} = 4.5 \times 10^9 \text{ t} (45 \text{ 億 t})$
- Li の総量: $1.4 \times 10^9 (10^3 \text{ m})^3 \times 170 \times 10^{-3} \text{ g–Li/m}^3 = 2.4 \times 10^{17} \text{ g} = 2.4 \times 10^{11} \text{ t} (2400 \text{ 億 t})$

これだから無尽蔵と言われるわけである. しかも, 海水から捕集しても, そのうちに海底の岩からまた海水に溶け出して補給されるのだろう.

海水には 1 L に 0.0032 mg のウランが溶けている. 堂々の微量金属である. 一方, リチウムは 1 L に 0.17 mg 溶けている. ウランは原子力発電所の核燃料の原料, そしてリチウムはリチウムイオン電池の部材の原料だ. U や Li の鉱山を探す必要がないので, 2 元素とも微量成分ながら海水溶存「資源」と呼んでよい. ウラン濃度に, 日本の太平洋岸を流れる黒潮の流量を掛け算すると, 年間 300 万 t のウランが通り過ぎていることを第 1 章で算出した.

•••••••••••••••••••••••••••••••••

海水ウラン捕集の歴史

•••••••••••••••••••••••••••••••••

イギリスの原子力発電所では，日頃，所内だけではなく周辺環境でも，大気中や水中のさまざまな物質を分析していたのだろう．あるとき，冷却水の排水口の鉄柵にウランが濃縮されていることを見つけた．原発由来のウランではなく，海水中のウランが濃縮されていたのだ．鉄柵の錆($水酸化鉄$) がウランを捕集していたわけだ．

そうした経緯から，Davis の研究グループ (イギリスの Harwell 原子力研究所) はチタン酸などの無機吸着材を円筒 (カラム) に詰めて，そこへ海水を流通させてウランを捕集することを 1964 年の *Nature* 誌で提案した．日本でも，日本専売公社の小田原製塩試験場 (現在，公益財団法人塩事業センター海水総合研究所) の尾方　昇氏が水酸化チタン (含水酸化チタン) の沈殿を作り，海水ウラン捕集の研究を進めていた．

無機化合物吸着材に代わって高分子製吸着材が開発された．日本では江川博明先生 (熊本大学工学部)，ドイツでは K. Schwochau さん (ドイツの Jülich 原子力研究センター) が，海水中のウランを選択的に捕まえるアミドキシム基という化学構造を高分子鎖に導入した吸着材を合成した．ここで「選択的に」というのは，海水中での濃度比に比べて吸着材中での吸着量比が高いという意味である．極薄いウランだけを海水中で捕まえるのではない，海水中で濃い Ca や Mg もやはり捕まえる．

私はそれまでアミドキシムという用語を知らなかった．知らないで人生を終えるほうがむしろふつうである．しかし，私は覚えないと研究を進めることができなかった．そこで「網戸軋む」と覚えた．台風が近づいて風雨が激しくなると，閉めていた網戸が軋んでガタガタと音をたてる．そうやって覚えた．

アミドキシム基 (以後，AO 基と略記) の作り方は複雑ではない．シアノ基 ($-CN$) にヒドロキシルアミン (NH_2OH) という試薬を付加させるだけでよい．AO 基はキレート形成基の一つで，海水中のウランの溶存形態 (三炭酸ウラニルイオン)(図 7.3) を次のように捕まえるのだろう．ウラニルイオンから 3 つの炭酸イオンを外して，代わりに両側から 2 つの AO 基がカニのハサミ (キレート)

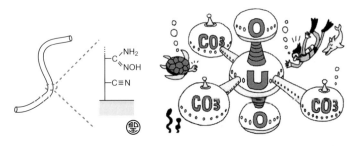

図 7.3　アミドキシム基と三炭酸ウラニルイオンの構造 ($UO_2(CO_3)_3{}^{4-}$)

で挟む.

$$2\,R\text{--}AO + UO_2(CO_3)_3{}^{4-} \rightleftarrows R\text{--}AO\text{--}UO_2\text{--}AO\text{--}R + 3\,CO_3{}^{2-} + 2\,H^+$$

海水ウラン捕集

衝撃その 1　ホスト−ゲスト分子型吸着材の登場

　私は大学院修士の学生のときに海水ウランの研究を始めて, 20 年近く取り組んだ. 長く一つの課題を進めていると, 実験室から実海水の現場までさまざまな段階を経るので, 衝撃的な出来事に出遭うことが多くなる. ここでは【2 つの衝撃的な出来事】を紹介する.

　まず, 大学で「化学工学」という「化学」の成果を社会実装する方法論を基本とする学問を専攻していたのに, 海水ウラン捕集用の吸着材を自作する必要に迫られた. そこで, 日本原子力研究所高崎研究所 (通称, 原研高崎. 現在, 量子科学技術研究開発機構高崎量子応用研究所) の研究員でいらした須郷高信さんから, 放射線グラフト重合法を習い始めた.「よし, 高分子の講義を受けていなくても, 高分子製吸着材を作れそうだ!」と希望に燃えていた頃の話である.

　新年の朝をすがすがしく迎えていた. 元日の新聞の第一面の見出しに「海水ウラン捕集の画期的吸着剤!」(うろ覚え) とあった. 三炭酸ウラニルイオンの 3 つの炭酸イオンの代わりに, ウラニルイオンを環で取り囲む構造をもたせた化合物を合成したという話題だった. 合成したのは京都大学工学部合成化学科

の田伏岩夫先生と小夫家芳明先生. この物質は, ウラニルイオンをすっぽり, ぴったりに包み込む穴を開けた大きな分子で,「大環状ヘキサケトン」と名付けられていた. これなら海水中のウランを「特異的に」捕集できるという説明が載っていた. ここで「特異的に」というのは, 極薄くても狙いの物質だけを捕まえるという意味だ.

　海水と溶け合わない油 (有機溶媒) にこの分子を溶かして, 海水と接触させるとウランを効率よく捕集したという実験結果が報告されていた. 私は目の前が真っ暗になった.「こんな吸着剤を合成できちゃうんだ. もう私の出番はない. 年が明けたばかりなのに……」まさに「明けましてさようなら」だった. これが【衝撃的な出来事その 1】である.

　しかし,「大環状ヘキサケトン」を合成するとなると, 工程もそれなりに多い分, 試薬も溶媒も量を使うので, 合成コストは高くなる. 一方, AO 基を作るにはシアノ基にヒドロキシルアミンを反応させるだけだ. さらに, 実験室規模では「大環状ヘキサケトン」を有機溶媒に溶かして海水と接触させるけれども, 実規模となると, 有機溶媒の海水への溶解や漏出が問題になる. それを防ぐために「大環状ヘキサケトン」を高分子鎖に固定する手法があるけれども, 大きな分子を高密度に固定するのは難しいし, 固定できたとしても環が歪むかもしれない.

　「大環状ヘキサケトン」は, ウランというゲストを迎えるには理想的なホストであっても, 実用となると採用しにくい. AO 基を使う研究はスレスレで生き残った. そういうわけで私は放射線グラフト重合法によって AO 基をもつ**中空繊維**状の吸着材を作ることになった.

keyword

中空繊維:　マカロニのように芯の部分が空洞になっている繊維.

◆海水の大量入手

　それなりの量の海水を入手するのは難しい. 千葉大学の研究室で, 当時, 学生であった三好和義さんが千葉大学から遠くはない稲毛海岸に行って, 10 L ポリタンクに海水を取って研究室に持ち帰ろうとした. 砂浜で波に任せて海水を取ろうとしても, 微小な砂や泡が海水に混じってしまうことを知った. そこで, テトラポッドの先まで行って海水を取ろうとした三好さんは, テトラポッドを跨いだときにバランスを崩して海に落ち, 手足に擦り傷を負って帰ってきた. そこまで苦労して東京湾岸の海水を取ってきても清浄な海水ではないだろう.

　原研高崎の須郷さんから「竹芝桟橋にある『伊豆七島海運』という会社から海水を買えますよ!」と教わった. その会社は, その名のとおり, 伊豆七島の島々へ東京から物資を輸送している. 帰りは島の海産物や農産物を運んでくる. その途中, 黒潮の通過点である御蔵島沖で, 大量の海水を採取して船に積む.

　竹芝桟橋に到着した海水を, 船からタンクローリーに移し替えて東京の動物園や水族館, 例えば, 上野動物園や池袋サンシャインシティの水族館に運んでいる. 水族館の魚は「黒潮海水」の入った大水槽の中で泳いでいる. 私たちの研究室も海水ウラン捕集の実験には清浄な海水が必要だった. レンタカー (箱バン) を借りて 18 L ポリタンクを 20 個程積んで, 竹芝桟橋に向かった. ポリタンク用ではなくてタンクローリー用の送液パイプが船から岸壁の私たちに投げ渡された. 船員さんから「行くぞ!」という合図. 岸壁にずらりと並べたポリタンク一個一個に海水を入れた. 流量が多くて, 半分以上はポリタンクの口から溢れた, というよりポリタンクが飛ばされそうになった.

　その 2 年程後, 「黒潮海水」6 t を, 毎週のように, 大学に設置したタンク (2 t の容量で 3 槽) にタンクローリーで運んで納入してもらった. 海水の値段は輸送費含めて 6 t で 6 万円だった. これは水道水の値段 (1 t 150 円程) の 400 倍だ.

海水ウラン捕集 •

大学の実験室を出て太平洋の沿岸で実験する

• •

　AO 中空繊維 (AO 繊維と略記) を 90 cm 高さのカラムに平行な束にして詰め

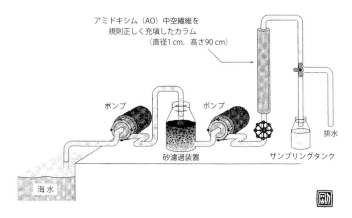

図 7.4 沿岸でのウラン吸着試験

た．福島県富岡町近くの太平洋の岸壁に，そのカラムを設置して，ポンプを使って海水を汲み上げ，カラムに上向きに流通させた (図 7.4)．海水は 13 秒程でカラムを通り抜けた．その時間 (**滞留時間**と呼ぶ) 内で，ウランが AO 基に捕集された．現象で表現すると，ポリエチレン製中空繊維に生やした高分子鎖に導入された AO 基に近寄ってきた三炭酸ウラニルイオンがキレート形成反応を起こして，ウラニルイオンが AO 基に捕捉されたことになる．

　カラムの下端 (入口) から上端 (出口) に行くまでにウラン濃度は入口の 3 ppb から減少する．出口のウラン濃度を測定し，入口との差から計算して繊維へのウラン吸着量を算出した．その結果，30 日間，連続して海水を流通させると，ウラン吸着量は AO 中空繊維 1 g 当たり 1 mg–U，AO 繊維のウラン含有量に言い換えると 0.1%になった．

　その後，1 mol/L 塩酸をカラムに流して，ウランを AO 繊維から外した．カラム出口から出てくる塩酸中のウラン濃度を連続して測定した結果を図 7.5 に示す．ピークのウラン濃度 (230 mg–U/L) が，海水中のウラン濃度 (0.0032 mg–U/L) の 7 万 2000 倍，平均のウラン濃度は 45 mg–U/L で 1 万 4000 倍であった．この濃縮液をさらに精製すると，原発のウラン燃料の原料となる**イエローケーキ** (黄色をしたウラン化合物の粉末) になる．

　ウラン資源のない日本に，「海水産ウラン鉱石」が出現した．江川先生が発見した AO 基を，須郷さんが工夫した放射線グラフト重合法を適用して，私たち

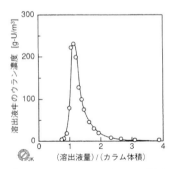

図 7.5 カラムからのウランの溶出

が入手したポリエチレン中空繊維に導入し, パトカーに警告されながらも取った砂に通した海水を流し, ようやく得た研究成果であった[4].

keyword

滞留時間: 装置内に留まる時間を調節することによって, 分子やイオンを反応させたり, 移動させたりできる. そうした時間を滞留時間と呼ぶ.

イエローケーキ: ウラン鉱石からウランを抽出・精製して得られる, 黄色をしたウラン化合物を含む粉末. 原子力発電所のウラン燃料の中間原料である.

◆沿岸での実験で得られた教訓

(1) 沿岸海水を AO 繊維充填カラムにそのまま流すと, 海水中の溶存有機物や懸濁無機物が AO 繊維にくっついたり, 引っかかったりして, やがて海水が流れなくなってしまうだろう. そこで, 海水を砂濾過してからカラムに流すことにした. 私と学生 2 名で, 朝早く, 福島県の砂浜で黒いポリ袋に 5 kg ずつ 10 袋程をレンタカーに運び入れていると, 福島県警のパトカーがやってきた. 近所の人が「怪しいグループが怪しい行動をしている」と通報したらしい. 事情を説明して許してもらった. 砂浜から大量の砂 (50 kg 程) を勝手に採ってはいけないことを学んだ.

(2) 原発からの温排水の放水口の沖で海水に温排水 (温かい海水) が混ざる. その上空をたくさんの海鳥がギャーギャー鳴きながら旋回してエサを取っていた. 混ざった辺りにプランクトンが発生し, それを求めて魚が集まってくることを学んだ. 寒流と暖流がぶつかって混ざる海域は漁場になるから, そのミニ版だ.

> (3) 夏と冬とで同じように海水ウラン捕集試験をしたところ，冬の海水温度が低くてウラン吸着量が大きく減り，がっかりした．海水温度の影響が大きく出るほどに，AO 基と三炭酸ウラニルイオンが反応する速度が遅いということを学んだ．

海水ウラン捕集 ●

衝撃その 2　沿岸から洋上へ: 尖がり帽子の貝が……

● ●

　海水ウラン捕集実験を沿岸で実施するのは，ポンプで流量を制御し，砂濾過で清澄な海水で，温度を測りながら，確実な吸着データを取得できるから価値がある．しかし，最終的には，海水ウラン捕集は海中に吸着材を浸漬させて，海水の自然な流れ (海流や波浪) を利用して新鮮な海水と接触させてウランを捕集するのがよい．そこで，須郷さんは，三重県南勢町五ケ所湾沖の太平洋に繊維状 AO 吸着材を直径 30 cm 程の金属製カゴに入れて浸漬させるというウラン吸着試験を計画・実行した．私を誘ってくださった．

　近鉄名古屋駅から近鉄の名古屋線と山田線に乗って宇治山田駅に着いた．レンタカーを借りて五ケ所湾まで走らせた．五ケ所湾という名が付いているくらいなので沿岸が入り組んでいた．

　海中に浸した吸着材入りのカゴを取りに須郷さんと私はボートで出かけた．湾から少し抜けただけで潮流が強く，陸地があっと言う間に離れた．さて，カゴを吊り上げたとき予測よりずっと重かった．「ウランは原子量 238 の元素であり，吸着材に効率よく海水からウランを吸着できてカゴが重くなったかな……」と波と潮のせいで，私は研究者とは思えぬ非定量的な期待をした．カゴの中を覗くと繊維状 AO 吸着材に白っぽい何かがたくさん突き刺さっていた．カゴは尖がり帽子の小さな貝のせいで重くなっていたのだ．これが【衝撃的な出来事その 2】である．ウランを捕集できたが，貝がもっと捕集できた．

海水ウラン捕集 •••

太平洋上でウランを1kg養殖

••

　海洋生物の付着が少なそうな海域を選んで, 須郷さんは世界初の海水ウラン捕集の本格的海洋試験を計画した. **関係省庁**を駆け回り, 係留式大規模吸着装置, 言い換えると「海水ウラン養殖装置」の太平洋上での試験を実現した. 4m四方の吸着枠を3段つないだこの装置にはアミドキシム**不織布** (以後, AO不織布) スタックを詰めてある.

　3段につなげられた吸着枠の中段に, A4サイズより一回り小さなAO不織布 (長さ29cm, 幅16cm, 厚さ0.2mm) 120枚に2枚おきにスペーサーネットを挟んでつくったスタックを144個, 整然とびっしりと並べた (図7.6). スペーサーネットは, AO不織布とAO不織布の間にスペースをつくり出し海水が流れるように設計されたプラスチック製の網である. 計1万7280枚のAO不織布が充填されたわけだ.

　クレーン船をチャーターして, 青森県むつ市関根浜の岸壁で, 3段の吸着枠からなる大規模吸着装置を吊り上げ, **係留**地点まで運搬した. 係留地点は関根浜7kmの太平洋上である. 海水中に装置を沈めて, 吸着枠の固定用枠の四隅からブイとアンカーによって支えた (図7.7). 係留地点は海流も波浪もある荒

係留準備

係留終了

図7.6　吸着枠に充填されたアミドキシム (AO) 不織布
(1か月程の係留後, AO不織布はほぼ白色から茶色へ変色)

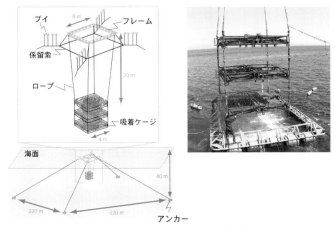

図 7.7　海水ウラン捕集用の係留試験装置

れる海にあった.

　1 か月程係留した後に，クレーン船が再出動した．こんどは係留地点で装置を吊り上げて，関根浜の岸壁まで運搬し，そこに降ろした．当初，ほぼ白い色をしていた AO 不織布は，4 m 四方，全面にわたって茶色へと変色していた．AO 不織布スタックを詰めた吸着枠全体に，海水の流れがうまく入り込んだ証拠である．吸着枠の真ん中や縁の辺りが白いままだったとしたら設計ミスである．

　この茶色は吸着したウランの色だと思っていたら，吸着した鉄の色だと後になって判明した．鉄とウランは AO 基への吸着挙動が似ていた．茶色への変色は鉄の吸着によるものだったけれども，ウランが吸着している証拠でもあった．言い換えると，鉄はウランの吸着の**マーカー**になるので便利である．

　この茶色の AO 不織布を真水で洗浄後に，1 mol/L 塩酸に浸すと AO 不織布から簡単にウランが溶出した．鉄も溶出したので，イオン交換樹脂やキレート樹脂を充填したカラムを使って，鉄をはじめとする他のイオンからウランを分けた．ウランの純度と濃度を高め，最終的にウラン沈殿物としてイエローケーキを得た．

　放射線グラフト重合法を適用して大量製造した AO 不織布を，カセット形の集合体にして係留式大規模吸着装置に詰めて，太平洋上で係留した．1999 年秋から 2001 年秋までの期間に，吸着と溶出を繰り返して，1 kg のウランを海水か

ら捕集できることを実証した. 快挙である. おまけの事実としてウランの倍の重量のバナジウム (V) が海水から採れた.

さいとう・たかを先生のプロダクション (さいとう・プロダクション) が,「海水ウラン捕集の大規模試験」の新聞記事を読んで, 須郷さんに取材に来た. そして,『ゴルゴ 13』の「原子養殖」というタイトルでビッグコミックに, 一話が掲載された[5]. 大学の研究者は, *Nature* 誌や *Science* 誌に研究成果が掲載されて自慢しているが, 須郷さんをリーダーとする私たちの研究グループも『ゴルゴ 13』に掲載されたのだから, 十二分にアピールできていると思う. インパクトファクターは非常に高いはずだ.

---

keyword

関係省庁: あるプロジェクトを遂行するための予算を出す省庁. 例えば, 経済産業省や科学技術庁.

不織布: 繊維を織ることなく作製した布. 織布に比べて安価に製造できる. マスク, お手拭き, 袋など用途が広がっている.

係留: ブイとアンカーを使って, 海上に装置を固定すること. 波浪や海流を考慮して装置が設計される.

マーカー: ウランがアミドキシム不織布に捕集されても不織布に色は付かない. 一方, 鉄が捕集されると不織布が茶色になる. ウランも鉄もアミドキシム基に争って吸着するので, 不織布が茶色になればウランも吸着したことのしるし (マーカー) である.

◆実海域での小規模試験で得た教訓

(1) 海へ出ての実験は, どこでもできるわけではない.「海は広いな, 大きいな……」とのんきに海での実験を想定してはいけない. 海は漁業協同組合 (漁協) に管理されている. その漁協の許可なく海水ウラン捕集の試験装置を置いてはいけない.

(2) 須郷さんは, 海洋開発技術センター (現在, 国立研究開発法人海洋研究開発機構) がすでに実施していた「沖合浮体式波力装置マイティーホエール (Mighty Whale)」に着目し, その脇で海水ウランの捕集試験を実施した. 海水利用に地元の理解があり, 海水ウラン捕集の試験もしやすかったからである.

(3) 海にはさまざまな成分がイオンの形態で溶けているだけでなく, さまざまな生物が棲んでいる. クジラから魚, そして微生物までいる. AO 吸着材

をカゴに入れて海中に垂らしたら，海中に「高級マンション」が突然現れた
と思って，貝が棲み始めたらしい．貝がわるいのではないことは十分に承知
している．試験を実施する海域を選ぶ必要がある．

◆実海域での大規模試験で得た教訓

　(1) 関根浜はその昔，原子力船「むつ」の母港であった．そのために，出港
や入港のための海域が確保されていて，その海域内での実験だったから，漁
協からのクレームは来なかった．

　(2) 私は，定員 10 名程の漁船に乗って係留地点まで係留装置を見学に行っ
た．波が荒く，係留装置に近づく頃には，皆，船に酔った．私の隣人がつい
に船の縁につかまり黒い海に向かって胃の中のモノを吐いた．私も危なかっ
たが，吐出物を求めてたくさんの魚が口をパクパクと開けて集まってきた．
ウォー．私はびっくりして吐き気が引っ込んだ．

　(3) 大規模の実験にはクレーン船のチャーター代金，潜水夫さんの人件費
など，お金が相当にかかる．しかし，論文の数は出ない．それでも価値が十
分にある．論文はやはり数ではない．

●●●●●●●●●●●●● 淡水化 ●●●●●●●●●●●●●●●●●●●●●●●●

海水から真水をつくる原理

●●

　万次郎は 14 歳で，初めての漁へ土佐を出航した．乗組員 5 名のなかで一番
若かった．台風に遭って船は難破し，黒潮に乗り，南海の孤島「鳥島」に漂着
した．島を産卵の場としていた目の前のアホウドリを捕まえて食べ，飢えをし
のいだ．海水で喉の渇きを潤すことはできないから，島の洞窟内に溜まる雨水
を飲んだ．

　6 か月後に，幸運にもアメリカの捕鯨船ジョン・ハウランド (Howland) 号に
救助された．5 名のうち，最年少だった万次郎はホイットフィールド船長にか
わいがられてアメリカ本土 (捕鯨基地: マサチューセッツ州ニューベッドフォー
ド) に連れて行かれた．他の 4 名はハワイで下船した．万次郎は，船の名をとっ
てジョン・マン (John Mung) と呼ばれるようになった．

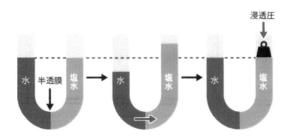

図 7.8　浸透圧を説明するための装置

「海水を真水にできたら……」という夢を可能にした材料が**逆浸透膜**である. 中東の産油国, 例えば, サウジアラビア, アラブ首長国連邦は, 逆浸透膜を使った 海水淡水化プラントを購入して水をつくっている. その逆浸透膜は, 東レ (株), 東洋紡 (株), 日東電工 (株) という日本のメーカーも製造している. 日本でも, 渇水時に, 沖縄の離島や長崎のハウステンボスで, 逆浸透膜を使った海水淡水 化装置が活躍している.

　ウシの膀胱膜は, 水は通すけれども, 溶質 (例えば, 砂糖や塩) は通さないの で半透膜と呼ばれている. ウシの膀胱膜を挟んで, 右側の室に海水を想定して $0.6\,\mathrm{mol/L}$ NaCl 水溶液 (ここでは簡単にするため, 塩分 3.5% がすべて NaCl と して算出), 左側の室に真水 (「海水」との対比のため,「真水」と敢えて言う) を 入れた実験を考えよう (図 7.8). 右室と左室とを隔てているから半透膜を隔膜 と呼ぶ.

　この場合, 隔膜は半透膜なので水しか通さない. すると, 水は膜を通って左 (真水側) から右 (NaCl 水溶液側) へ移動する. 水が NaCl 水溶液を薄めようと するこの現象を浸透と呼ぶ. このときに水を駆動させた圧力が浸透圧である.

　海水の浸透圧を次のファントホッフ (van't Hoff) 式から計算しよう.

$$\text{浸透圧} = (\text{電解質のモル濃度}) \times (\text{気体定数}) \times (\text{絶対温度})$$

右辺の 3 項, 単位は, それぞれ $\mathrm{mol/m^3}$, $\mathrm{J/(mol\cdot K)}$, および K である.

　まず, 海水の NaCl の濃度は約 $0.60\,\mathrm{mol/L}$ である. NaCl が完全解離すると しよう. すると, $\mathrm{Na^+}$ と $\mathrm{Cl^-}$ が $0.60\,\mathrm{mol/L}$ ずつとなるので, 合計で $1.2\,\mathrm{mol/L}$ $(= 1.2 \times 10^3\,\mathrm{mol/m^3})$, これが電解質のモル濃度である. つぎに, 気体定数 R は $8.3\,\mathrm{J/(mol\cdot K)}$, さらに, 温度を $25\,°\mathrm{C}$ とする.

$$\text{浸透圧} = (1.2 \times 10^3) \times 8.3 \times (273 + 25) = 3.0 \times 10^6 \, \text{J/m}^3 = 3.0 \, \text{MPa}$$

1 気圧が約 0.1 MPa であるから，この浸透圧は約 30 気圧となる．この圧力で，海水と真水とが半透膜を隔てて均衡する．

> **keyword**
>
> **逆浸透膜:** 海水から真水を製造するために使う膜．海水の浸透圧に逆らって，水だけを透過させる膜を海水と真水の間に挟んで，海水側から圧力をかけると真水をつくることができる．膜は浸透圧に耐える構造をもつように設計される．

淡水化 •

海水を淡水化する逆浸透膜装置

• •

　さて，ここからのアイデアがすごい．この浸透圧より大きな圧力を右 (NaCl 水溶液側) から左 (真水側) へ加えると，浸透圧に逆らって水が膜を通って移動する．ただし，ポンプを使って逆浸透圧をかけても隔膜が破けないという仮定のもとでの話である．こうして左側の室の真水の量を増やすことができる．この原理による「海水の淡水化」法は「逆浸透 (reverse osmosis) 法」(RO 法) と名付けられた．

　海水の淡水化を大規模に実施するには，天然のウシの膀胱膜に代わる人工の半透膜が必要であった．1960 年に，アメリカ・カリフォルニア大学のロブ (Loeb) 先生とソーリラジャン (Sourirajan) 先生が酢酸セルロース製の逆浸透 (RO) 膜を開発し，発表した．水だけを通す緻密層を界面に作り，その後ろには逆浸透圧に耐える支持層を作った．その後，多くの研究者の参加によって，RO 膜の性能が格段に向上して実用化に至っている．

8

福島の海を放射能で汚さない技術

（朝日新聞社提供）

原発汚染水

大地震に伴って発生した大津波に襲われて，近くの沿岸にあった原子力発電所でメルトダウン事故が起きた．壊れた原子炉建屋に流入した地下水が溶融炉心に接触して，放射性物質が地下水に溶け込んだ．港湾に流出した地下水で汚された海水から放射性物質を除去する材料が開発された．

登場元素: I (ヨウ素)，Cs (セシウム)，Sr (ストロンチウム)，
Ca (カルシウム)，Ru (ルテニウム)

登場化合物: 不溶性フェロシアン化コバルト，
フェロシアン化カリウム ($K_4[Fe(CN)_6]$)，
塩化コバルト ($CoCl_2$)，アデニン，ヨウ化銀 (AgI)

汚染水から放射性セシウムを除去できる吸着材を作るぞ！

2011 年 3 月 11 日午後 2 時 46 分に宮城県の太平洋沖を震源とする大地震 (マグニチュード 9.0) が起きた．それに伴う大津波が東京電力福島第一原子力発電所 (以後，福島第一原発) に押し寄せ，1〜4 号機の電源を水没させた．そのため，原子炉への冷却水の供給が停止し，**メルトダウン (炉心溶融)** 事故を起こした．地震発生から 80 時間のうちに 3 基の炉心が溶融したと解析されている．この事象によって発生した放射性物質，例えば，放射性のヨウ素 (I)，セシウム (Cs)，ストロンチウム (Sr) が周辺の大気，地表，そして表面水 (河川水，湖沼水，海水) に放出された．

福島第一原発の敷地地下には，もともと，丘側から海側に向かって地下水が一日 400 t の流量で流れていた．原子炉建屋の一部が壊れて，地下水が溶融炉心に接触する事態になった．溶融炉心からわずかながら放射性核種 (radionuclides, 放射性金属イオンのことが多い) が溶けて「汚染水」が生じた．

こうして発生した汚染水の一部は，さらに原子炉建屋から移動して，1〜4 号機前の取水口を通って取水路港湾の海水に混ざった．幅 80 m，長さ 400 m，深さ 5 m の港湾である (図 8.1) から，水量を計算すると 160000 m^3 (16 万 t) の海水が汚染海水に変わった．港湾の片端にはフェンスがあり，外海からある程度，

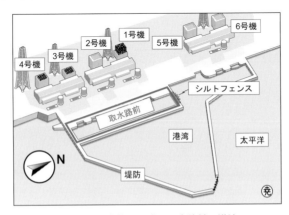

図 8.1 福島第一原発の取水路前の港湾

遮断されていた.

　私は地震発生時，千葉大学西千葉キャンパス内にあるベンチャービジネスラボラトリー (VBL) という建物の事務室にいて，揺れが始まってすぐにその建物前の広場に出た．これまでの人生で体験したことがない，大きくて長い時間続く地震だった．「震源はどこだろう？」と思いながら，隣接する建物から広場に出てきた多くの人と不安な顔を見合わせ，揺れが収まるのを待った.

　そのうちに福島第一原発に津波が押し寄せたというニュースを見た．全電源を喪失し，原子炉へ冷却水を供給できないと言う．何重もの安全システムが稼働して炉心溶融は回避できると思っていたけれども，そうはならなかった．水素爆発が起きて**原子炉建屋**の屋根が吹き飛んで茶色っぽい煙が出る遠景をテレビ画面で見て衝撃を受けた．こうして，1〜3号機の炉心が露出して圧力容器と格納容器が損傷したことによって放射性物質が放出された.

　その後に起こることが予測できないので怖かった．私は以前に福島第二原子力発電所の近くに，海水ウラン捕集の試験装置を置いて実験をしていたことがあり，同様の事故を心配したけれども，福島第二原発では電源設備が高い位置に設置されていたため，冷却水が原子炉へ供給され，難を逃れたと聞いて，少しほっとした.

　その日は交通網が遮断されて帰宅できなかった．翌日の千葉大学の入学試験 (後期入試) は中止になった．その後，数日，私は研究室で仕事が手につかず，「たいへんだ，たいへんだ．どうなるんだ」と言って，研究室内をうろうろしていた．その年の4月から入学予定の藤原邦夫氏から「放射性 Cs の吸着材を作りましょう！」と提案というより叱咤激励があった．研究室の学生は何か貢献したいという顔をしていた.

フェロシアン化金属の結晶がセシウムを取り込む

　海水にはもともと 0.3 ppb ($0.3\,\mathrm{mg}\text{–}\mathrm{Cs}/\mathrm{m}^3$) の濃度で非放射性セシウムが溶存している．丘側から地下水が原子炉建屋に流入して溶融炉心と接触し，ごくわずかながら放射性セシウム (おもに Cs-137) が地下水に溶けて加わった．それ

メルトダウン (炉心溶融): 第 1 章 (p.7) を参照.

原子炉建屋: 原子力発電所内にある原子炉を囲った建物. 福島第一原子力発電所ではメルトダウンに伴って, 1, 3 号機では, 炉心が損傷して水素が発生し, 水素爆発が起こった. そして, 4 号機は 3 号機のベントの影響で水素爆発が起こった. 2 号機では, 水素爆発が起こらず原子炉建屋は残ったが, 圧力容器と格納容器が損傷していたので, 放射性物質は漏出した.

が港湾に漏れ出した. こうして生じた汚染海水には Cs と同族の Na, K といったアルカリ金属が溶けているから, イオン交換基 (–SO$_3$H) で代表される**有機系官能基**では選択性が低くて Cs イオン (Cs$^+$) の吸着容量を稼ぐのは難しい.

　私は翌日, 自宅から 30 分程で行ける東急線の大岡山駅から近い東京工業大学の図書館に駆け込んで, 日本原子力学会の和文誌と英文誌 (*J. Nuclear Science and Technology*) を遡って, 放射性セシウム除去用吸着材の論文を探した. 幸運なことに, 渡利一夫氏の報告 (1965 年) を見つけた[1]. 陰イオン交換樹脂ビーズに不溶性フェロシアン化銅の沈殿を担持して放射性セシウムを吸着除去していた.

　次の沈殿生成反応によって得られるフェロシアン化コバルトの沈殿

$$K_4[Fe(CN)_6] + CoCl_2 \rightarrow K_2Co[Fe(CN)_6] + 2\,KCl$$

の結晶構造がジャングルジムのようになっている (図 8.2). ジャングルジムの枠組みを構成しているのが金属イオン (ここでは, Co^{2+} と Fe^{2+}) と CN である. その内部にカリウムイオン (K$^+$) が包み込まれている. K$^+$ と同じアルカリ金属に属する Cs$^+$ が交換して K$^+$ の代わりに内部に入り込むという特性がある.

　この沈殿を作ろうと思って, フェロシアン化カリウム (K$_4$[Fe(CN)$_6$]) 水溶液と塩化コバルト (CoCl$_2$) 水溶液を作って, 混ぜると, 混ぜた瞬間から沈殿ができて液が深い緑色を示した. その沈殿を手で掬っても, サラサラしていて指の間から抜け落ちた. 沈殿のサイズが小さいのである. 沈殿ができやすい (**溶解度積**が非常に小さい) 物質ほど, できる沈殿のサイズは小さくなるのは, 沈殿の核が多くできるからだろう. 残念ながら, この微粒子 (約 50 nm) のままでは吸着材として汚染海水に適用できない.

　沈殿が小さくなるのは仕方ないとして, セシウム吸着材として利用したいの

フェロシアン化コバルト（K₂Co[Fe(CN)₆]）

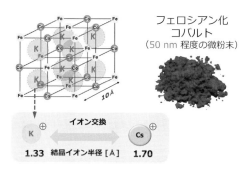

図 8.2　不溶性フェロシアン化コバルトの結晶構造

だから対策が考え出された．それが「担持 (固定)」である．渡利氏のアイデア
は，陰イオン交換樹脂ビーズの表面や内部で沈殿生成反応を起こすこと．フェ
ロシアン化物イオンを陰イオンとして陰イオン交換基に結合させる．その樹脂
を硝酸銅水溶液に投入すると，フェロシアン化銅の沈殿ができて高分子構造内
に担持されるという具合だ．これならセシウム吸着材として利用できる．

---

keyword

有機系官能基：　イオン交換基やキレート形成基．炭素，水素，酸素，窒素といっ
た元素から構成される，対象成分を捕まえる化学構造．
溶解度積：　陽イオン (例えば，銀イオン Ag^+) と陰イオン (例えば，ヨウ化物イ
オン I^-) が水中で反応すると，ヨウ化銀 AgI という沈殿が液中に生成する．そ
の後，水中に残っているそれぞれのイオンの濃度を掛け算した値 (積)，すなわ
ち $[Ag^+][I^-]$ の値を溶解度積と呼ぶ．この値が小さいほど水に溶けにくい沈殿
である．

フェロシアン化コバルト微結晶をナイロン繊維表面に固定する

　　私たちは，電気透析で使う陽イオン交換膜と陰イオン交換膜を作製する研究
を 5 年間実施していた．得意技になっていた．しかも，ビーズに限らず，さま
ざまな形のイオン交換樹脂を作れるようになっていた．
　　ナイロン繊維を出発材料に採用して**放射線グラフト (接ぎ木) 重合法**によって

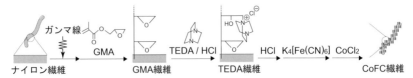

図 8.3 放射線グラフト重合法による放射性セシウム除去用吸着繊維の作製経路

陰イオン交換繊維を作製できるから，そのグラフト高分子鎖の中で不溶性フェロシアン化金属を沈殿生成させればよい (図 8.3)．作り方を詳しく説明すると，まず，ナイロン繊維にガンマ線を当ててラジカルをつくり，そのラジカルを開始点として，エポキシ基をもつビニルモノマー (図中の GMA) を反応させて高分子鎖をくっ付けた．つぎに，トリエチレンジアミン (図中の TEDA) を反応させて，そのエポキシ基の一部を陰イオン交換基へ変えた．さらに，塩酸，フェロシアン化カリウム (図中の $K_4[Fe(CN)_6]$) 水溶液，塩化コバルト (図中の $CoCl_2$) 水溶液の順に繊維を浸すと，フェロシアン化コバルトという緑色の沈殿が繊維表面に生成した．こうして得られた繊維状の不溶性フェロシアン化コバルト担持吸着材 (図中の CoFC 繊維) を以後，吸着繊維と呼ぶ．この吸着繊維を組み紐の形にして汚染海水に浸漬させれば Cs を高速で吸着除去できるだろう．

　不溶性フェロシアン化金属が Cs イオンを捕集するとは言っても，非放射性 Cs と放射性 Cs とを識別できるわけではない．どんな吸着材も原子核の**中性子数**の違いを見分けることはできない．したがって，汚染水からの放射性 Cs の除去という操作は，除去する必要のない大量の非放射性 Cs を捕捉しつつ，除去したい微量の放射性 Cs を捕捉するという「つらい」作業である．

> **keyword**
>
> **放射線グラフト重合法**: 第 2 章 (p.17) を参照．
> **中性子数**: 原子核は陽子と中性子から成り立っている．陽子はプラスの電荷をもち，一方，中性子は電荷をもたない．陽子の数が同一で中性子の数が異なる原子は同位体 (アイソトープ) である．

セシウム除去用吸着繊維の大量製造

　「急いで作らないと間に合わない」,「たくさん作れないと採用されない」, そして「特許を取らないと製造できない」. この3つの要件をクリアして現場に吸着繊維を届けようとした. まず, フェロシアン化物イオン ($Fe(CN)_6^{4-}$) と沈殿を生成する重金属の種類を Cu, Co, Ni, Fe の中から Co に決めた. 沈殿がフェロシアン化コバルトの場合, 繊維の表面から欠落しなかったからだ. つぎに, 海水中での Cs の吸着速度を評価基準にして, $Fe(CN)_6^{4-}$ と Co^{2+} の**沈殿生成**の反応条件を選んだ. 担持する沈殿の量を増やすと, Cs の吸着速度は大きくなった.

　原研高崎を定年退職後にベンチャー企業 ((株) 環境浄化研究所) を経営していた須郷高信氏が, グラフト重合と沈殿生成の反応装置を, 繊維染色用装置を改良して設計・製作した (図 8.4). この装置を使ってナイロン繊維の**ボビン** (1 kg の繊維の巻き物) を約 100 個, 一度に吸着繊維のボビンに転換できた.

　これらの研究開発の成果を藤原氏が特許出願したのが 2011 年 6 月 1 日. 日本原子力学会誌の英文誌 (*J. Nuclear Science and Technology*) の論文受理が 7 月 27 日 (掲載は 10 月号), 量産の成功が 8 月下旬だった. 製造した吸着繊維は緑色を呈した. 大震災直後に成田空港に降り立ち「日本は大丈夫!」と世界に発信した**レディー・ガガ**さんの髪の毛の緑色と似ていたので,「緑の吸着繊維」を【吸着繊維 GAGA】と名付けた. すると,「不謹慎な研究グループ」と私たちは世間からバッシングされた. 研究費もほとんど採択されなかった. 命名には慎重さが必要だと学んだ.

　2012 年 3 月に, 高分解能 NMR の開発者, スイス・チューリッヒ工科大学の**Richard R. Ernst 博士** (1991 年のノーベル化学賞の単独受賞者) が千葉大学を来訪した. 若い研究者の発表を数件, 聴いてみたいとのご希望があり,【吸着繊維 GAGA】の開発で, 学生のリーダーだった石原　量君がプレゼンテーションをした. すると, "GAGA, beautiful!" とコメントをいただいた. その後の会食会でも Ernst 博士から「自分も役に立ちたいので何でもしますよ」という申し出があり,【吸着繊維 GAGA】の組み紐を首に巻いて写真に納まってくださっ

(a) ナイロン繊維　　　　　反応装置　　　　　(b) 吸着繊維
　　ボビン　　　　　　　　　　　　　　　　　　　ボビン

図 8.4　吸着繊維ボビンの製造

た (図 8.5)[2]. この写真は研究室の宝物となった.

　【吸着繊維 GAGA】は, 表面を手で擦っても, 接触させる液の pH や塩分濃度を変えても, 沈殿生成した不溶性フェロシアン化コバルトはグラフト鎖から欠落しなかった. もちろん, 吸着材として好ましい特性である. その理由は 4 年後に偶然に判明した. 沈殿生成反応を繰り返して, 不溶性フェロシアン化コバルトの担持量を増やそうとしたら, 予測に反して担持量が伸びなかった.

　フェロシアン化物イオンが陰イオン交換によって一回目に吸着した量に相当

図 8.5　【吸着繊維 GAGA】を首に巻いた Ernst 先生 (左)

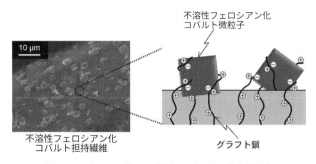

図 8.6　グラフト鎖への微粒子の担持の推定構造[3]

する陰イオン交換基が沈殿生成に消費されていた．このことから，陰イオン交換基，言い換えるとプラス荷電の構造をもつグラフト鎖が，不溶性フェロシアン化コバルト微結晶表面のマイナス電荷と引き合って絡み付く，あるいは結晶内を貫通することが推察された (図 8.6)．**走査電子顕微鏡** (SEM) 写真に不溶性フェロシアン化コバルトが微結晶として写っているのに **X 線回折**図にシャープなピークが現れなかったのはこのためだろうと，小島　隆先生 (千葉大学工学部共生応用化学科) からコメントをいただいた．

吸着繊維が福島第一原発の汚染水処理に本格採用されるまで

吸着材の量産までできて私たちは幸運だと思われたが，ここから実用化への

keyword

沈殿生成: 化学反応によって液中に固体として沈殿が生成する現象.

ボビン: 大量な繊維を取り扱うために,芯材料に繊維を巻いて得られる繊維集合体.代表的なサイズは内径 3 cm,外径 15 cm,高さ 20 cm である.

レディー・ガガ: アメリカを代表する女性シンガーの一人.2021 年 1 月の第 46 代ジョー・バイデン新大統領の就任式でアメリカ国家を独唱した.

Richard R. Ernst 博士 (1933–2021): スイス連邦工科大学名誉教授であった.核磁気共鳴 (NMR: nuclear magnetic resonance) 法という有機化合物の分析法の性能を大きく向上させた.それによって微量の試料でも複雑な分子構造を解明できるようになった.1991 年にノーベル化学賞を単独受賞した.

走査電子顕微鏡: 電子線を試料に当てて表面を観察する装置.数十万倍の拡大画像が撮れる.10 万倍とすると,0.1 μm を 1 cm に拡大して観察できる.

X 線回折: X 線が結晶格子に当たって回折する現象を利用して,結晶性の物質の結晶構造を調べる方法である.

道のりが長かった.日本経済新聞,TBS (テレビ) にも【吸着繊維 GAGA】の組み紐は登場した.しかし,関係者からの問い合わせが来ない.2011 年 12 月には,組み紐やワインドフィルターを車に積んで,いわき市好間第三小学校 (2018 年 3 月に児童数減少のために閉校) のプールの除染に,(株) 環境浄化研究所,サンエス工業 (株),そして千葉大学からなるチームで出かけた (図 8.7).プールの水を使って放射性 Cs の捕捉を実証できた.

事故の 9 か月後であり,第一原発の作業の人でいわき市の宿泊施設は混雑していた.ようやく見つかった宿はスパリゾートハワイアンズ・ホテルであった.夕食後のアナウンスで「復興支援です.ハワイアン・ショーに是非,ご参加ください」という放送が入って,千葉大学の学生 3 名が舞台で踊った.現地では

いわき市立好間第三小学校のプール前

プールへのGAGAの投入

図 8.7 いわき市の小学校プールでの除染試験

不謹慎なんて言ってはいられないのだ.

　2012 年 9 月に,分析機器展の大学の成果紹介コーナーに出展し,ブースの
ボードに【吸着繊維 GAGA】の組み紐を目立つように垂らした.東京電力 (株)
の関連会社の技術者が偶然,立ち寄った.その後,その本社を大学院生の岡村
雄介君と一緒に訪問して,会議室に組み紐を 10 m 程,敷き詰めて数名の技術者
に見せた.自分たちが思っているほど【吸着繊維 GAGA】は知られていないこ
とを思い知った.

　日立 GE ニュークリア・エナジー (株) から,【吸着繊維 GAGA】の組み紐を
第一原発の 1〜4 号機取水口前の海水に浸漬してみたいという待望の連絡があっ
た.経済産業省の汚染水処理対策の会合のメンバーであった (公財) 塩事業セン
ター海水総合研究所の長谷川正巳氏が紹介してくださった.試験採用ではある
が,金属製の枠に取り付けられて 80 m の組み紐が取水口前の海水に浸ったの

福島第一原子力発電所の上空写真

3 号機取水口のピットへの GAGA の投入　　　　　セシウム吸着繊維「GAGA」

図 8.8　福島第一原発 1〜4 号機取水口での汚染水処理試験

は 2013 年 8 月のことである (図 8.8). もちろん, 組み紐は放射性セシウムを捕捉した.

その後,【吸着繊維 GAGA】の組み紐は, 第一原発の地下排水路, タンクの側溝, そして雨水ますに設置されて役立っている. 放射性セシウムを吸着した繊維は, セシウムを外すことはなく, そのまま放射性廃棄物として貯蔵される. このとき, 吸着した Cs と不溶性フェロシアン化コバルトを除いて, 繊維は高分子製なので容易に焼却できる. 焼却によって, 貯蔵する吸着繊維の容積を減らすこと (「減容」) ができる.

放射性ストロンチウムとルテニウムの除去にも挑んだ

放射性物質は放射性 Cs だけではない. 第一原発内の汚染水には放射性 Sr (おもに Sr-90) が多く含まれていた. Cs を捕捉するなら不溶性フェロシアン化コバルトを使えるのに対して, Sr を捕捉するならチタン酸ナトリウムが有力であった. 分析化学の分野ではホスト−ゲストの考え方から, Sr の優秀なホスト分子が採用されるけれども, 工業利用となると吸着材のコストの点から採用できない.

Sr の吸着除去は Cs のそれよりもずっと難題だ. それは, 海水に約 8 mg–Sr/L (0.09 mmol/L) の非放射性 Sr がもともと溶存していること, そして, 化学的性質がよく似た Ca (原子量 40) が Sr (原子量 88) の 110 倍のモル濃度 (400 mg–Ca/L だから 10 mmol/L) で共存しているからである. そうなると, チタン酸ナトリウム担持吸着繊維よりも, イミノジ酢酸型キレート繊維のほうが選択性は少し劣っても作製工程が少ないので, 吸着材作製のコストの点から有利となった[4].

Cs と Sr の吸着材が採用されてから, 汚染水処理の現場から情報が入るようになった.「放射性ルテニウム (Ru) を吸着除去できる吸着材はありませんか?」という問い合わせがあった. 6 つの元素からなる白金族元素の一つの Ru なら, **核酸塩基**の一つであるアデニンが捕捉するはずだ.

Rosenberg は, 1965 年に, 白金電極を使って電場をかけ, 大腸菌の増殖に与える電場の効果を調べているときに, 大腸菌が増殖しないことを見つけた. このことから, 液にわずかに溶解した白金化合物が大腸菌の DNA の二重らせん

を構成する核酸塩基に配位結合を介して架橋することによって、大腸菌の増殖を止めることに気づいた。この発見から「シスプラチン」という抗がん剤の市販に至った。

私たちは、核酸塩基 (アデニン) を固定した繊維を使って、白金族元素 (パラジウム) を特異的に捕捉した経験があった。アデニンで Ru を捕捉できると思って、2 か月程度で結果を出し、提案したところ、「もう解決しました」と言われてがっかりした。無機・有機系の吸着材を製造しているメーカーは国内外に多くある。放射性物質の吸着材は一回きりの使い切りだからビジネスとして魅力がある。みな必死に開発したはずだ。私たちはタイミングを逸した。

メルトダウン事故以来、福島第一原発では汚染水の発生量を減らすために、所内の道路の舗装、井戸 (サブドレン) による地下水の汲み上げ、そして凍土遮水壁 (略して、凍土壁) の設置という対策が実施されてきた。それによって 2014 年に日平均 470 t 発生していた汚染水は 2020 年 (1〜12 月) には 140 t に減少している。それでも 1000 t 容量の汚染水貯留用タンクは所内に約 1000 個を超えている。言い換えると、貯留されている汚染水の総量は 1000 × 1000 で 100 万 (10^6) t 超である。

汚染水中にはさまざまな放射性核種が存在している。ALPS (advanced liquid processing system、多核種除去設備) と命名された放射性核種除去システムが設計され、稼働してきた。濾過、凝集沈殿、吸着といった一連の操作を経て、トリチウムを除く 62 の放射性核種は、告示濃度 (規制値) 未満まで水中から除去されている。

---

keyword

核酸塩基: 遺伝物質 DNA の二重らせん構造を形成する化学物質。アデニン (A)、チミン (T)、グアニン (G)、シトシン (C) の 4 つがある。

◆ヨウ化銀担持繊維を使ったトリチウム水の処理の失敗

残るはトリチウムの除去である。恥ずかしながら、私はトリチウムと聞いて、最初は新しい元素だと思ったが、そうではなかった。日本語名は三重水

素である．水素の同位体は，水素 (H)，重水素 (D)，三重水素 (T) の 3 種ある．原子構造では，どれも電子が 1 個，原子核の周囲にいて，原子核には陽子 1 個．さらに，中性子が，重水素で 1 個，三重水素で 2 個となっている．したがって，H，D，そして T の質量数 (陽子数と中性子数の和) は 1，2，そして 3 である．

　私たちが日々飲んでいる水には，0.033%の HDO (半重水) が溶けている[5]．1 L の水に換算すると，0.33 g となる．私は「かなり濃いなあ」と思って，周囲の人に「水を一度にたくさん飲むと胃が重くなる理由がわかったよ．半重水が 330 ppm 溶けていたからだ」と真面目な顔で話をしたら，半分の人は数分間だけ信じてくれた．

　三重水素水 (これが，トリチウム水) (T_2O)，重水 (重水素水) (D_2O)，そして軽水 (H_2O) と，それが混ざった「半」三重水素水 (HTO) や「半」重水 (HDO) も存在する．性質の差を調べていくと，凝固点の差が大きかった．

- T_2O: ?
- D_2O: 3.8°C
- HTO: 2.4°C (推定値)
- HDO: 2.0°C
- H_2O: 0.0°C

常温から温度を下げていくと，T_2O，D_2O，HTO，HDO，そして H_2O の順で凍っていくはずだ．「差の絶対値が大きいから，これなら分けられる」と思った．しかし，過冷却が気になった．過冷却はヨウ化銀を使えば抑制できる．ヨウ化銀の結晶構造 (六方晶系) は，氷の結晶のそれと同一であるため，過冷却水中にヨウ化銀を接触させると，水分子はヨウ化銀の結晶を氷核と間違えて，ヨウ化銀の結晶の上に氷が析出する．こうした現象は「ヘテロエピタキシャル成長」と呼ばれている．「ヘテロ」は「異なる」という意味で，ここでは氷が自身とは異なるヨウ化銀の上に成長するということだ．その後は，氷晶に氷が成長していく．

　北京オリンピック (2008 年) の開会式開始の 4 時間前に，曇天の空にヨウ化銀の微粒子がロケット弾で散布され，雨を人工的に降らせた．開会式は快晴のもとで開かれた．ヨウ化銀は最強の人工降雨剤として知られている．

　ヨウ化銀を繊維に固定して，トリチウム水だけを凍結できると考えた．トリチウム水の入手は困難なので，普通の水の中にもともと存在している半重

水を凍結させることにしたが，うまくいかなかった．凍結 (凝固) という性質は「束一的」な性質なので，それなりに数が集まってはじめてその性質を示す．したがって，極々薄い (例えば，95 万 Bq/L) トリチウム水だけを凍結させることはできていない．悔しい．

9

千葉の地下深くに閉じ込められた大量のヨウ素

（写真提供: Shutterstock）

古代海水

千葉県にはピーナッツの他にも世界に誇るべき生産品がある．それ
は世界の 4 分の 1 を生産する天然資源ヨウ素である．千葉県房総
半島の地下深くに「古代海水」と呼ばれる海水が閉じ込められてい
て，その古代海水にヨウ素が濃縮されていた．スマホやテレビの偏
光フィルムにも使用されているヨウ素は人間の生命に必須の元素で
もある．

登場元素: I (ヨウ素)，U (ウラン)，Sc (スカンジウム)，Fe (鉄)，
Nd (ネオジム)，Dy (ジスプロシウム)，As (ヒ素)，
B (ホウ素)

登場化合物: メタン，*N*–ビニルピロリドン (NVP)，
ポリビニルアルコール (PVA)

古代海水・・

千葉県の地下はヨウ素と天然ガスを含む古代海水の宝庫

・・

　千葉県千葉市稲毛区にある千葉大学の西千葉キャンパスで 1994 年から 25 年間，私は働いた．しかし，そのうち 23 年間は「日本はヨウ素生産量で世界第 2 位であり，その 82% が千葉県で生産されている」ことを知らなかった．この衝撃の事実は，ヨウ素製造会社で日本のトップメーカーである伊勢化学工業 (株) の浅倉　聡さんが 2017 年に研究室を訪ねてきたときに教わった．その後 2 年間，研究室でヨウ素回収の研究を浅倉さんの指導のもとで実施した．

　千葉・房総半島の東側 (外房と呼ばれている) の地下には南関東ガス田が広がっている．正確に言い直すと，南関東ガス田は，神奈川県横浜市から東京中心部，東京湾岸，そして千葉県の北部・中部に及んでいる (図 9.1)．そのガス田から，天然ガス (約 99% がメタン) と**ヨウ素**を採取している地域が外房である．ヨウ素の埋蔵量 400 万 t，これは 500 年分の量に当たる．

　千葉県長生郡一宮町にある伊勢化学工業 (株) の一宮工場の脇にポツンと掘られた井戸に連れて行ってもらった．銀色に塗られた金属製の直径 30 cm 程のパ

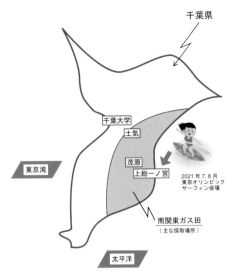

図 9.1　南関東ガス田

イプに耳を当てると，「……ボコ……ボコ……」と音がした．パイプ内をガスが上がってきて，途中で気泡が破裂する音なのだろう．ガス田の説明を事前に受けていたので，パイプの内部を勝手に想像した．

　井戸の数を増やして天然ガスとヨウ素の生産量を増やしたいところだけれども，そうはいかない．地盤沈下が起きるからだ．極端に言えば，房総半島が沈み，**東京湾アクアライン**が傾く．というわけで，井戸から汲み上げる古代海水の量が規制されている．

　古代海水の組成を伊勢化学工業 (株) の川本裕之さんから教えてもらって驚いた．ヨウ素 (元素記号 I) が，現代海水 (ここでは，古代海水に対抗して名付けた) の約 2000 倍の濃度で溶けているのだ．約 100 ppm (100 mg–I/L) である．私は驚いたのと同時に，心の中で「ウランも濃くなっているんじゃないの！」と興奮した．

　海水からウランを捕集する研究を 15 年程前までしていて，海水中のウラン濃度 3 µg–U/L の薄さに苦労していた．ウランもヨウ素と同じように古代海水中で濃縮されていると，2000 を掛けて，6000 µg–U/L (6 ppm) だ．「濃いよ，濃いよ，こりゃ濃いよ」と盛り上がった．

　冷静を装って，分析が担当という川本さんに古代海水中のウランの定量をその場で依頼した．1 週間程して結果が届いた．「ウランは検出限界以下でした」とすまなそうだった．「えー，3 ppb どころか，溶けていないなんて！……がっかりだ」私は 1 週間，幸せだったからよしとした．

　地下深くでは酸素が届かないので，**還元雰囲気**である．したがって，現代海水中ではウランは三炭酸ウラニルイオン $UO_2(CO_3)_3{}^{4-}$ の形態で溶けているけれども，地下で深くとどまっていると，$UO_2(CO_3)_3{}^{4-}$ から酸素 O が抜かれていき，UO_2 は U まで還元される．CO_3 は H と結合してメタン (CH_4) になる．U では液中にもはや存在できずに，周辺の岩に析出する．だから液中に検出されない．こんなストーリーだろう．ということは，「地下深くにウランの大鉱脈があるかもしれない」私は再びスイッチが入ったが，先を見越して諦めた．1 分間，幸せだった．

　それにしてもヨウ素はどうして濃縮されているのだろう．海底に大量の海藻が茂っていて，その海藻の一成分であるヨウ素が濃縮されたのだろう．ところ

で，日本人は海藻 (ワカメ，昆布，メカブ，ヒジキなど) を頻繁に食べるので，生体必須元素の一つであるヨウ素が摂取不足にならない．海外の，海から離れた地域ではそうではないため，食塩にヨウ素が添加され，ヨウ素添加塩として売られている．

◆南関東ガス田と千葉の地名

　地下 500〜2000 m の深さに天然ガスが古代海水に溶けて大量に溜まっている．50〜200 万年前に海水が地層に閉じ込められてガス田が形成されたという (図 9.2)．この南関東ガス田の上に位置する市町村では，この天然ガスに起因する事故がたまに起きる．「大多喜町」の交番の脇でタバコをふかそうと火をつけた途端，小爆発が起きて，ニュースになった．天然ガスが陸上へしみ出ていたからである．千葉市の「土気」という地名は，天然ガスが湧き出す気配のある土地であることから付いた．

　南関東ガス田のエリアでは，井戸を掘ると，天然ガスと古代海水が噴出する．天然ガスは燃料として利用できる．千葉県茂原市に本社を置く「大多喜ガス (株)」は採れた天然ガスを千葉県北部地域に配給している．

　この天然ガスのおかげで，「大いに多くの人たちが喜んだ」という地名が千葉県夷隅郡「大多喜」町だと私は勝手に決めつけていた．しかし，調べていくと，昔は「大滝」と書いていたらしい．周辺に滝がたくさんあったからだという．「それなら，なぜ『滝』をわざわざ『多喜』にしたのだ！」と私は納得していない．

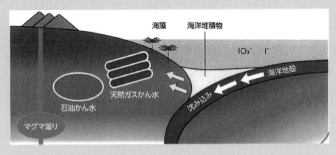

図 9.2　閉じ込められた古代海水[1]

keyword

ヨウ素：　元素記号 I．小学校や中学校の理科実験で，デンプンを検出するときに「ヨウ素デンプン反応」を利用した．デンプンのらせん構造にヨウ素分子が入り込んで藍色を呈するという仕組みである．ヨウ素は X 線造影剤，殺菌剤，医薬品，偏光フィルムなどの用途がある．

東京湾アクアライン：　神奈川県川崎市と千葉県木更津市をつなぐ自動車専用の有料高速道路．トンネル部分と橋の部分からなる．全長 15.1 km．

還元雰囲気：　酸素が奪われ，水素が与えられる環境．

古代海水 ・・・・・・・・・・・・・・・・・・・・・・・・・・・・・・

ヨウ素だけ採って濃縮

・・・

　ヨウ素は身近で役立っている．しかもさまざまな用途がある．用途の内訳は，X 線造影剤 22％，殺菌剤・防カビ剤 14％，偏光フィルム 11％，医薬品 11％，工業用触媒 11％である[1]．私は 2 番目の殺菌剤うがい薬「イソジン」にたまにお世話になった．ポリビニルピロリドンという高分子とヨウ素との錯体ポビドンヨードの製品名がイソジン™ である．アメリカの Mundipharma 社が発売元である．イソジンを喉に塗るのではなく，イソジンを不織布に固定してマスクにして殺菌する便利な製品を，私が現在，勤務している会社で製造している (第 6 章コラム「PVPP と PPAP」(p.62)，「ポビドンヨード固定マスク」(p.63) 参照)．

　スマホ，カメラ，パソコン，液晶テレビの**偏光フィルム**の製造ではヨウ素が原料として利用されている．ポリビニルアルコール (PVA) という高分子にヨウ素が入り込み，その後，ホウ素を使って架橋させた構造をしている．偏光フィルムのおかげで画像が見やすい．私たちは，スマホとともにヨウ素を毎日持ち歩いている．

　井戸を掘って天然ガスの溶けた古代海水を汲み上げて，天然ガスを取り分けた後に，古代海水 (天然ガスを除いた後でも，以後，古代海水と呼ぶ) からヨウ素を取り出す方法を紹介する．海水だから，約 100 mg–I/L のヨウ化物イオン (I^-) とともに，高濃度の塩化物イオン (Cl^-) が共存している．ヨウ素は塩素と同じ仲間で，ハロゲン族である．同じ仲間だから分けにくい．しかし，ここで考案されたのがブローイングアウト法である．「ブローイングアウト」だから

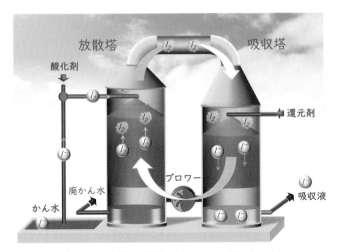

図 9.3　ヨウ素の分離法 (ブローイングアウト法)

「吹いて出す」という意味だ.

　「I⁻ のほうが Cl⁻ よりも酸化されやすいこと」そして「酸化されて生じた I₂ が気体へ放たれること」を活用する. まず, 古代海水に酸化剤溶液を加えて, 次の反応を起こす.

$$2\,I^- \rightarrow I_2 + 2\,e^-$$

つぎに, 生成した I₂ を空気中へ取り出す. これで古代海水からヨウ素だけを取り出せる. 古代海水の I⁻ を I₂ へ転化し, 空気を吹いて I₂ を液体中から空気中へ移動させた. これでブローイングアウトである.

　ヨウ素の分離の原理は説明したが, これを大規模な装置を使って実施できるかどうかは別の問題だ. 装置図 (図 9.3)²⁾ を見ながら左から右へと工程を説明したい. 古代海水 (図中では「かん水」) の流れに酸化剤溶液を添加して, 塔の上部からシャワーにして垂らす. 塔の下部から吹き上がってくる空気に接触させる. こうすると, 塔内に詰められた充塡物に液が濡れながら流下し, 気体との接触面積が大きくとれ, 空気に吹き上げられながら液が時間をかけて落ちていく. 液体中から空気中へヨウ素ガス (I₂) が奪い取られるので, この工程を放散, そしてこの塔を**放散塔**と呼んでいる.

　流通のしやすさから固体のヨウ素製品が便利である. そこで, 放散塔の塔頂

図 9.4　ブローイングアウト法での 2 つの塔 (伊勢化学工業 (株) 一宮工場)

で得られるヨウ素ガスを再び，還元剤溶液中へ溶かし込む．このときにも還元剤溶液をシャワーにして垂らし，ヨウ素ガスと接触させる．

$$I_2 + 2\,e^- \rightarrow 2\,I^-$$

したがって，放散塔の隣にもう一つ塔を並べて建てて，管でつなぎ，放散塔の塔頂のヨウ素ガスをその塔内へ持ち込み，還元剤溶液に吸収させる．この塔を**吸収塔**と呼ぶ．この結果，吸収塔の底から I^- が高濃度に溶けた液が得られる．

　2 つの大きな塔が並んでいる写真が図 9.4 である．この後，再び，酸化剤を加えて，ヨウ素の結晶を析出させる．というわけで，放散，吸収，そして結晶化の工程の間に，ヨウ素の形態は $I^- \rightarrow I_2 \rightarrow I^- \rightarrow I_2$ と変化する．また，ヨウ素の価数は，マイナス 1 → ゼロ → マイナス 1 → ゼロ と変化する．こうして，純度も濃度も高まり，最終製品は紫黒色をした固体ヨウ素となる．

古代海水

ヨウ素製造工場の見学記

　伊勢化学工場 (株) の工場見学をさせてもらったので，実況中継したい．まず，許可を得て，古代に思いをよせて，プールに溜められた天然ガスを除いた古代海水を舐めてみた．やはりしょっぱい．古くても特別な味はしなかった．ここでも私はウランが含まれていないことを残念に思った．

keyword

偏光フィルム:　ポリビニルアルコールフィルムをヨウ素・ヨウ化カリウム (ポリ
　　ヨウ素) 水溶液に浸した後，ホウ素溶液に浸す．つぎに，フィルムを一方向に
　　引っ張って伸ばすと，ポリヨウ素イオンが一方向に配列する．配列したヨウ素
　　は，特定の方向の光のみを透過させ，それと直角の方向の光を吸収する．

放散塔:　液相から特定成分を気体にして取り出すための装置．気体を液体から
　　取り出すことを放散と言う．それなりの高さがあるので装置は塔と呼ばれる．

吸収塔:　気相から特定成分を液体へ溶かし込むための装置．気体が液体へ溶け
　　込むことをガス吸収と言う．それなりの高さがあるので装置は塔と呼ばれる．

　太平洋を眺めたくて，高さ約 16 m の放散塔を取り巻くらせん状の階段を下
を見ないようにして上がっていった．一人ずつ上がって行けば幅に余裕がある
階段だった．海風が少し強いのでヘルメットを手で押さえながら塔頂まで登頂
した．目の前が急に開けて太平洋が広がった．九十九里の海岸線に沿って白い
波頭が見えた．あそこが 2021 年に開催された東京オリンピックのサーフィン
会場だ．

　塔頂でつながって，仲良く並んだ 2 つの塔のうち，初めの塔 (放散塔) の中で
は古代海水からヨウ素がガスとして放散され，接続された次の塔 (吸収塔) へ回
るとヨウ素ガスが再び液体へ吸収されヨウ化物イオンになる．塔壁は分厚いガ
ラス繊維強化プラスチック (GFRP) で作られていて，塔内部はもちろん見えな
いし，音も振動もほとんどしなかった．両塔とも淡い緑色にペンキで塗られて
いた．

　見学が最終工程に近づいた．板チョコのように板状にかたまった固体ヨウ素
が見えた．続いて，それを砕く装置があった．割れる大きな音がした．ヨウ素
を袋詰めするときには**ホッパー**から排出された．袋詰めではなく箱詰めされた
ヨウ素もあった．ヨウ素は密度が $4.9\,\mathrm{g/cm^3}$ あるので，その箱を持ってみると
ずっしりと重かった．このヨウ素が世界 20 か国に輸出され，造影剤の合成に利
用され，その一部が日本に輸入されると聞いた．

keyword

ホッパー:　固体の製品，例えば，セメント，小麦粉をいったん貯蔵する漏斗の形
　　をした装置で，底部に取り出し口がある．ここでは，固体であるヨウ素の塊を
　　振動させて割って粒にして取り出す装置を指す．

温泉水 •

温泉水からのレアアースの捕集

• •

　私は 30 代からこれまで群馬に仕事でよく来ている．群馬県は日本三大温泉の一つである草津温泉を初めとして山間に多くの温泉がある．その温泉水には，海水ほどではないにせよ多くの成分が溶けている．海水の組成はどこでもほぼ一定であるけれども，温泉水の組成は温泉地によって大きく異なる．炭酸泉，硫黄泉，……．

　水溶液の性質を大きく支配する水素イオン濃度 $[H^+]$ も温泉地によって違いがある．もちろん，温泉に浸ったときに私たちが皮膚に痛みを感じたり，溶けたりするほどの pH ではない．それなら温泉として認可されないだろう．

　pH が低い温泉は酸性温泉に分類される．草津温泉もそうだ (pH 1～2)．日本原子力研究所高崎研究所 (現在，量子科学技術研究開発機構) の瀬古典明氏の話では，東北地方の温泉には「酸性温泉」が多いという．例えば，青森県青森市八甲田山中にある「酸ヶ湯」温泉は名がそのまま温泉水の酸性 (pH が 2 未満) を表している．こうした酸性の温泉水にレアアースが溶けている．例えば，草津の温泉水には**スカンジウム** (元素記号 Sc，原子番号 21) が，源泉なら 0.040 mg–Sc/L の濃度で溶けている．

　レアアースは，産出量が少ないうえに，産出地が遍在している．例えば，強力磁石に欠かせない希土類金属であるネオジム (Nd) とジスプロシウム (Dy) は中国が世界のほとんどを供給している．日本と中国とで尖閣諸島問題が生じたときに，中国はレアアースを日本への禁輸品目にした．価格が一気に高騰して，さあ，たいへんだということで，日本はレアアースの削減の検討や代替金属の探索を進めた．

　そうしたことがあったから，「温泉水からのレアアースの捕集」というプロジェクトには夢がある．瀬古さんは，ホスホン酸基というキレート形成基をもつ繊維を，放射線グラフト重合法を使って作製し，温泉水からスカンジウムを捕集することに成功している．草津温泉の温泉排水からスカンジウムを吸着量 5.7 g–Sc/kg (0.57%) まで選択的に捕集できることを実証した．温泉排水中の Sc の濃度 0.017 mg–Sc/L を 34 万倍 (= 5700/0.017) に濃縮している (1 L = 1 kg)

わけだ.

他の例と有用金属の濃度を比べてみよう.

- 海水: ウラン 0.0032 mg/L
- 富士山湧き水: バナジウム 0.060 mg/L
- 草津温泉水: スカンジウム 0.017 mg/L
- 古代海水: ヨウ素 100 mg/L

薄い成分を捕集する技術は「吸着」であり, 濃縮度の高い吸着材が必要である. 年間の Sc 捕集量を温泉排水量から計算する. 草津温泉の源泉および温泉排水中の Sc の濃度は, それぞれ 0.040 および 0.017 mg–Sc/L である. 温泉排水の湯量は一日当たり 7 万 t である. 温泉排水から捕集できる年間 Sc 総量は,

$$17 \times 10^{-3} \, (\text{g–Sc/t}) \times 7 \times 10^4 \, (\text{t/日}) \times 365 \, (\text{日/年})$$

$$= 4.3 \times 10^5 \, \text{g–Sc/年} = 430 \, \text{kg–Sc/年} = 0.43 \, \text{t–Sc/年}$$

スカンジウムの産出国は中国, ロシア, ウクライナ, カザフスタンであり, 世界での年間の生産量は 15 t–Sc[3] である. 温泉水全量から漏らすことなく Sc を採った場合, 草津温泉での可採量はその約 3%に当たる.

---

keyword

スカンジウム: 元素記号 Sc. 元素の周期表を作成したロシアのメンデレーエフが存在を予言していた元素で, 10 年後に, スウェーデンのニルソンによって発見された.

イットリウム: 元素記号 Y. 強力なレーザー光線を出す固体レーザーである YAG の原料の一つが Y である. ここで, YAG は yttrium aluminum garnet の略号.

◆レアアースとレアメタル

レアアースは, rare「希な」, earth「土」なので, 「希土」類のことだ. 「希土」とも呼ばれる. 私が中学生の頃, 「キドカラー」という商標のカラーテレビ製品があった. 日立製作所が製造・販売していて, ブラウン管の蛍光体材料の「輝度」を上げるために「希土」を用いたので名付けたという.

高校の化学で習う周期表の下に, アクチノイド元素とともに, 別格扱いで一行分, 並んでいる「ランタノイド元素」15 種とスカンジウム (Sc), **イットリウム** (Y) の 2 つの計 17 元素の総称が「希土類元素」である. これと似た用

語にレアメタルがある．「希少金属」を指す．ただし，レアメタルという用語
は日本でしか通用しない．
　日本は多くの金属を部材の一つとして使った工業製品を製造し，それを輸
出して稼いでいる．そこで，国が重要な金属 48 種類を選んでレアメタルに指
定した．レアメタルにレアアース 17 元素が含まれている．レアメタルに対し
て「普通の金属」は common metal と呼ぶ．

温泉水 ●

地熱発電と温泉水

● ●

　千葉県一宮町の古代海水温泉や東京お台場の大江戸温泉 (2021 年閉館) は火
山のそばにはない．神奈川県の箱根温泉，群馬県の万座温泉などは，火山のそ
ばにある温泉である．火山に隣接する温泉は高温の温泉が多く，高温の蒸気を
噴き出すので「地熱発電」もセットで行うと，一石二鳥だ．しかし，これがな
かなか実現しない．

　熱水は岩石中の**ケイ素**を溶かして，陸上に出て冷めると沈殿を生成する．そ
んなことから温泉地では源泉から温泉旅館までの配管がその沈殿でつまらない
ように温泉旅館が当番制で，源泉まで行って配管の手入れを欠かさずにおこなっ
ている．

　熱水には**ヒ素** (元素記号 As) や**ホウ素** (元素記号 B) といった有害な成分を含
むこともある．私たちはホウ素を除去できる繊維を作製したことがある．しか
し，ホウ素の吸着除去後に吸着繊維からホウ素を外して (溶出させて) も，ホウ
素の用途がない．こうなると，除去にはお金がかかるだけになる．温泉水から
のホウ素の除去の費用を負担するのは温泉旅館，ひいては温泉客となる．有用
な資源となると，採算が取れるなら吸着捕集する，そうでないと何もしないほ
うがよいという話になる．技術者としては残念だ．

◆草津温泉と群馬鉄山

　一昔前は金属と言えば,「鉄は国家なり」(「製鉄業こそが近代国家の基盤で
ある」いう意味) のとおり, 鉄がセンターであった. 草津温泉のすぐ近くに
「群馬鉄山」(現在は,「チャツボミゴケ公園」) が発見された (図 9.5). 鉄鉱石
の積み出し駅として「太子駅」が第二次世界大戦末期の 1944 年に建設され,
長野原駅まで貨車輸送専用の太子線が敷設された. 長野原駅から渋川駅, 高
崎駅を経て, 神奈川県川崎駅の日本鋼管 (株) 川崎製鉄所まで鉄鉱石が輸送さ
れた. 当時は草津温泉水中のレアアースは注目されていなかった. なお, 群
馬鉄山は 1966 年に閉山, 太子線は 1970 年に廃線となった.

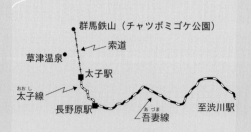

図 9.5　草津温泉と群馬鉄山と太子線

10

水中のイオン

（写真提供: Shutterstock）

どんな水溶液にも何かが溶けている．たいていはプラスまたはマイナスの電荷をもったイオンである．私たちの目には水溶液中のイオンは見えないけれども，科学の力を借りて，イオンの種類，形，濃度を計算することができる．

元素記号で金属は水に溶けない

　新聞の囲み記事「海水ウラン捕集」に載っていた波立つ海のイラストの中で，海水にかぶせて U の元素記号が書き込んであった．私はそれから 1 年間，自分の研究対象となった海水ウランが海水中で U として溶存していると信じていた．水溶液のことをそれほどに知らずにいた．元素記号のまま水に溶ける金属なんてない．金属はイオンになって溶ける．

　ついでにもう一つ告白しておく．「イオン，カチオン，アニオン」と教科書にも日本語の論文にも書いてあるもんだから，学部卒業まで “ion, cation, anion” をそのまま，ローマ字読みしていた．ところが，辞書で発音記号を調べてみて驚いた．読み方をカタカナで書くと「アイウン，キャタイウン，ウナイウン．」日本の高校生はほとんど ion をイオンと思っているはずだ．イオン (AEON) はスーパーマーケットだ！

　ウラン (U) は海水中で，三炭酸ウラニルイオン $UO_2(CO_3)_3{}^{4-}$ という複雑な形で溶けている (図 10.1，図 7.3 参照)．六価のウラン (U) を 2 つの酸素 (O) が両側から挟み，直線状のウラニルイオン ($UO_2{}^{2+}$) ができていて，その直線軸上の U に垂直な平面の上に 3 つの炭酸イオン ($CO_3{}^{2-}$) が 120 度離れて取り囲む

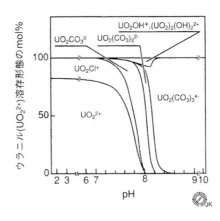

図 10.1　水中のウランの溶存形態: pH による変化

構造である．錯体のイオンなので錯イオンと呼ばれる．

三炭酸ウラニルイオンの英語名は uranyl tricarbonate ion である．tri は「3,三」を表している．イオン全体の価数は，

$$(2+) + (2-) \times 3 = 4-$$

と算出される．海水中のイオンの中で価数の絶対値が4というのはめずらしい．

ビーカーの入った水を光にかざして水中に漂っている物があると「懸濁物があった」とか言っている．その程度の観察では，溶けていると溶けていないとの区別にはならないだろう．海水の文献を読み進めていくと，「0.45 μm のフィルターを通り抜けたら溶けている物質，他方，通り抜けできずにフィルターの上に残ったら懸濁物」という定義があった．

なぜ，0.3 μm でなくて 0.45 μm であるのかはわからない．きっと「そこに 0.45 μm のメンブレンフィルターがあったから」だろう．フィルターメーカー (Millipore 社) の標準品があったのだと思う．

イオンの分類

フーテンの寅さん風に言うと，「イオン，イオンと申しましてもイオンいささか広うござんす．」イオンを分類しておこう．まず，電荷で分けると，陽イオンと陰イオンである．電荷がプラスなら陽イオン，一方，電荷がマイナスなら陰イオンと呼ぶ．価数を元素記号の右肩に付けて表す．

- アルカリ金属: Na^+, K^+, ……
- アルカリ土類金属: Mg^{2+}, Ca^{2+}, ……
- ハロゲン: F^-, Cl^-, ……

つぎの分類は，単原子イオンと多原子イオンである．単原子イオンはその名のとおり，原子1つのイオンである．一方，多原子イオンは，原子いくつかが共有結合してできたイオンである．

- 単原子イオン: 上記のほかに，H^+, Ag^+, Cu^{2+}, Al^{3+}, S^{2-}, ……
- 多原子イオン: OH^-, $SO_4{}^{2-}$, ClO^-, $HCO_3{}^-$, $CO_3{}^{2-}$, $PO_4{}^{3-}$, ……

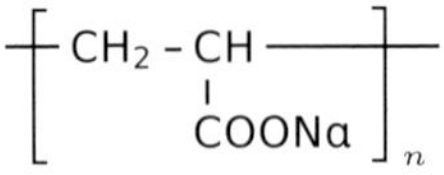

$$\left[\begin{array}{c} \mathrm{CH_2 - CH} \\ | \\ \mathrm{COONa} \end{array}\right]_n$$

図 10.2　ポリアクリル酸ナトリウム

多原子イオンの名は難しい.

- $\mathrm{OH^-}$: 水酸化物イオン
- $\mathrm{SO_4{}^{2-}}$: 硫酸イオン
- $\mathrm{ClO^-}$: 次亜塩素酸イオン
- $\mathrm{HCO_3{}^-}$: 炭酸水素イオン (重炭酸イオン)
- $\mathrm{CO_3{}^{2-}}$: 炭酸イオン
- $\mathrm{PO_4{}^{3-}}$: リン酸イオン

これまで紹介したイオンは, 式量が $\mathrm{H^+}$ の 1 から $\mathrm{UO_2(CO_3)_3{}^{4-}}$ の 450 までの範囲であった. これに対して,「高分子電解質」という用語があって, その代表は合成高分子, ポリアクリル酸である. ポリアクリル酸高分子鎖がもつカルボキシ基 (–COOH) が水中で電離 (–COO$^-$) して高分子鎖が広がる (膨潤する). ポリアクリル酸ナトリウム (図 10.2) は高吸水性樹脂であり,「紙おむつ」の主成分として利用されている. 高分子電解質は高分子量のイオン (高分子イオン) と言える.

タンパク質は巨大なイオン

　私たちの血液の中にはタンパク質が溶けていて, 酸素や二酸化炭素を運んだり, 栄養素を運んだり, あるいは毒物を攻撃したりしている. また, 消化酵素は, 私たちが摂り込んだ食べ物の分解を促進する生体触媒である. これらの酵素はタンパク質の一群である.

　タンパク質はアミノ酸の重合体で, しかも分子量が揃った天然高分子である. アミノ酸は同一分子内にアミノ基 (–NH$_2$) とカルボキシ基 (–COOH) を併せもつので, 両性電解質と呼ばれている. したがって, –NH$_2$ と –COOH は水中で次のように電離する.

$$-NH_2 + H_2O \rightleftarrows -NH_3^+ + OH^-$$

$$-COOH + H_2O \rightleftarrows -COO^- + H_3O^+$$

種類の異なるアミノ酸が脱水反応を繰り返して，縮まりながら重なる (縮重合する)．その種類，順番，数によってタンパク質の種類や立体構造が決まる．酵素の場合には，その立体構造の中に穴 (活性部位) が形成され，その穴に基質 (原料) がはまって特異的な反応が起こる．

　タンパク質水溶液の pH によって，タンパク質の電荷が決まる．タンパク質には**等電点** (pI) があり，その名のとおり，pH が pI になると電荷がゼロ，それより低い pH だとプラス，高い pH だとマイナスになる．こうした性質を利用して，狙いのタンパク質の電荷と反対の電荷をもつイオン交換樹脂を使ってそのタンパク質を捕まえることができる．

---

keyword

> **等電点**: タンパク質は 20 種類の天然アミノ酸が脱水しながら重合してできる物質である．そのため，タンパク質を囲む液の水素イオンが，タンパク質の表面にあるアミノ酸に結合したり，逆に，アミノ酸から離れたりする．そうした状況で，タンパク質の表面電荷がゼロになる．その pH $(= -\log[H^+])$ を等電点と呼ぶ．

イオン強度と活量

　山を歩いていて，見つけた清水を手で掬って飲むと生き返る．海で泳いでいて，うっかり海水を飲んでしまうとむせ返る．「あ〜，しょっぺえ〜．」このしょっぱさのおかげで，食塩を製造できるのだからあまり文句は言えない．

　水溶液に溶けているイオンの種類や量がかなり異なる．水溶液のこの差を表す指標にイオン強度がある．イオン強度の定義式は

$$I = \frac{1}{2} \sum_i C_i z_i^2$$

ここで，C_i はイオンの濃度，z_i はそのイオンの価数である．この式には不思

議なことが2点ある．一つは価数を2乗すること，もう一つは1/2がついていることである．0.01 mol/L NaCl 水溶液を例にとってイオン強度を計算してみよう．

完全電離するとしよう．$[Na^+] = 0.01$ mol/L，$[Cl^-] = 0.01$ mol/L だから，z_i が2乗になっていないと，

$$\frac{1}{2}\sum_i C_i z_i = \frac{1}{2}[0.01 \times (+1) + 0.01 \times (-1)] = 0$$

プラスとマイナスが相殺されてゼロになる．こうなると，NaCl が溶けていないのと同じで，イオン強度の意味がない．そこで，価数を2乗したのだろう．

つぎに，1/2がないとすると，

$$\sum_i C_i z_i^2 = [0.01 \times (+1)^2 + 0.01 \times (-1)^2] = 0.02$$

こうなると，元の濃度 0.01 mol/L の2倍の値だ．元より大きな値になるのはおかしいと考えて2で割って，少なくとも元と同じ値にしたのだろう．

こんどは，0.01 mol/L の $MgCl_2$ 水溶液を例にとってイオン強度を計算してみよう．やはり完全電離するとして，

$$\frac{1}{2}\sum_i C_i z_i^2 = \frac{1}{2}[0.01 \times (+2)^2 + 0.02 \times (-1)^2] = 0.03$$

Mg イオンは二価だから周囲への影響が大きいだろうから元の3倍くらいはよしとしよう．……と私の勝手な解釈である．

イオン強度は，イオンの世界の電荷密度だと考えると，イオン強度が高くなると，静電相互作用によってイオンは自由度を奪われるようになる．濃度が高くなると，その有効濃度は下がる．そこで，有効濃度を活量と名付けた．活量はまさに「活き活きしている量」なのだ．

濃度を活量に変換するときの式の比例定数を活量係数と定義した．活量との対比をはっきりさせるため，濃度を分析濃度と呼ぶこともある．通常の分析法なら，ある成分が水中で電離しようが，他の成分と錯体形成しようが，ある成分は全濃度として分析・検出されるからである．

$$(活量) = (活量係数) \times (分析濃度)$$

活量の話になると，人口密度の低い田舎でのびのびと生きてきた若者が，人口密度の高い都会に出てきて，周囲の多くの人の影響を受けて自由度を失っているような光景を思い描いてしまう．Debye と Hückel 先生が活量係数を推算する式をつくった．イオン強度が $0.01\,\mathrm{mol/L}$ 程までの限定だ．

温泉水のミリバル

温泉地の大きな四角い竹カゴが並んだ脱衣場の壁に，温泉分析表が貼ってある．その地域の分析機関や分析センターが実施した温泉水の分析結果である．表の最終欄には代表者の氏名にかぶせて，四角くて立派な印が押してある．

表の上半分に陽イオン，下半分に陰イオンが載っている．そして，それぞれの合計である「陽イオン　計」と「陰イオン　計」の行に「ミリバル (mval)」と書いてある．高校でも大学でも習わない用語である．

「ミリバル」とは，ミリモル濃度 (mmol/L) に価数 (valence) を掛けた値である．具体的には，それぞれのイオン X のミリモル濃度を [X] で表記すると，

表 10.1　温泉水の組成の一例

会津東山温泉「向瀧」の温泉分析表 (一部)[1)]
1 kg 中の成分，分量および組成 (pH 値 7.88)

陽イオン	ミリグラム (mg)	ミリバル (mval)	ミリバル% (mval%)
リチウムイオン	0.4	0.06	0.22
ナトリウムイオン	344.6	14.99	55.07
カリウムイオン	12.0	0.31	1.14
マグネシウムイオン	0.7	0.06	0.22
カルシウムイオン	236.4	11.80	43.35
陽イオン　計	594.1	27.22	100
陰イオン	ミリグラム (mg)	ミリバル (mval)	ミリバル% (mval%)
フッ素イオン	3.7	0.19	0.71
塩素イオン	362.3	10.22	38.41
硫酸イオン	752.2	15.66	58.85
炭酸水素イオン	33.0	0.54	2.03
陰イオン　計	1151.2	26.61	100

- 陽イオンのミリバル: 計 27.22 (会津東山温泉「向瀧」の値; 表 10.1)

  計算式は表には書いてないけれども

  $$[Li^+](1) + [Na^+](1) + [K^+](1) + [Mg^{2+}](2) + [Ca^{2+}](2) \cdots$$

- 陰イオンのミリバル: 計 26.61 (会津東山温泉「向瀧」の値)

  計算式は表には書いてないけれども

  $$[F^-](1) + [Cl^-](1) + [SO_4^{2-}](2) + [HCO_3^-](1) \cdots$$

上段が温泉水中の陽イオンのプラス電荷の総量，下段が温泉水中の陰イオンのマイナス電荷の総量である．これが上下で一致している (有効数字 2 桁で 27 mval)．言い換えると，「この温泉水は電気的に中性である」と保証しているのだ．

これで安心して，温泉に入れる．温泉に入って感電したくない．仮定法過去の英文で言うと，

If hot spring water were not electrically neutral, you would be electrically shocked in a large bathtub.

温泉水に限らず，通常，水溶液は電気的に中性である．

人工海水中のイオンの種類と濃度の推定

海水からウランを捕集する研究を始めたときに，海水が必要になった．東京湾に行けば海水は手に入ると思ってはみても，具体的に「どこに行けば？」となると難しい．私のおじさんが魚河岸 (東京の築地市場 (1935〜2018 年)) でマグロ問屋を営んでいたので，魚市場で早朝からアルバイトをしたことがあった．ずらりと並んだ 100 kg を超えるマグロの競りの会場が岸壁だった．あそこへポリタンクを持って行き，海水を汲めばいいと思った．

実験に使うので，組成が毎度違っていたり，季節で変わったりすると困る．迷っているうちに，「釣り堀の海水は，粉を溶かしていたなあ」と思い出した．中学生の頃 (1965 年)，釣り堀がブームになって友達と釣り堀に行ったときに見かけた．

早速，「人工海水」の粉を売っている業者を探し出した．今とは違って，イン

表 10.2 人工海水 (1 L) 作製のレシピ

試薬	グラム
NaCl	23.93
Na_2SO_4	4.01
KCl	0.74
$NaHCO_3$	0.20
$MgCl_2 \cdot 6H_2O$	10.83
$CaCl_2 \cdot 2H_2O$	1.52

ターネットがない時代である. 電話をして「購入したいのですが, 組成を教えてください」と言ったら,「魚が成長するように, 独自の成分を入れているので, 販売はするけれども, 組成は教えられない」と言われて,「なるほど」と思い, 購入を諦めた.

つぎに,「人工海水」の研究を調べた. 理学部地球科学の分野で人工海水の作製法についての文献を見つけた. もちろん, 工学部の図書館にはなく, 理学部の図書館に出向いて, 束ねられた重い雑誌を借りて来てコピーして返した. そういう時代だった.

その文献に載っていたレシピ (表 10.2) に従い, 6 種類の試薬を水に溶かして作った. それぞれ量り取って溶かそうとしたが, 溶けにくい試薬もあって困った.

出来上がった人工海水の組成, 言い換えると, イオン種の種類と濃度を知っておきたかった. 次の反応式に従って, 全部電離したとしてよいかというと, そう簡単な話にはならない.

$$NaCl \rightarrow Na^+ + Cl^-$$

$$Na_2SO_4 \rightarrow 2\,Na^+ + SO_4{}^{2-}$$

$$KCl \rightarrow K^+ + Cl^-$$

$$NaHCO_3 \rightarrow Na^+ + HCO_3{}^-$$

$$MgCl_2 \rightarrow Mg^{2+} + 2\,Cl^-$$

$$CaCl_2 \rightarrow Ca^{2+} + 2\,Cl^-$$

例えば, 重炭酸イオン $HCO_3{}^-$ はこのままではなく, 炭酸イオン $CO_3{}^{2-}$ に一部は変わる.

$$HCO_3^- \rightleftarrows H^+ + CO_3{}^{2-}$$

表 10.3 人工海水のイオン種分布

	全モル濃度	Free	M-Cl	M-SO$_4$	
Na	0.468	83.1	13.2	3.7	
Mg	0.0533	48.3	42.1	9.2	
K	0.0099	78.5	17.2	4.3	
Ca	0.0103	43.7	46.3	9.2	

	全モル濃度	Free	Na-X	Mg-X	K-X	Ca-X
Cl	0.547	83.5	11.3	4.1	0.3	0.9
SO$_4$	0.0282	16.2	61.6	17.4	1.5	3.4

　研究を追いかけていくと，地球上の河川，湖沼，海の水に溶けているイオンの種類と濃度を推算できる手法があるというので驚いた．この手法は chemical speciation と呼ばれている．もちろん，水中の成分の各濃度 (各分析濃度) や pH を測定したデータがあったうえでの計算である．

　成分ごとの物質収支式とイオン種ごとの化学平衡式 (海水中での値) を連立させて解くと，すべてのイオン種の濃度が計算される．上述の人工海水の計算の結果を表 10.3 に示す．当時 (1980 年頃) は，FORTRAN というコンピュータ言語を使って，連立方程式の解法を自分でプログラミングした．大型計算機センターまで通って計算した．今なら PC で計算できるはずだ．

　計算結果を見て驚いた．単純イオン，イオン対，そして錯イオンが混在していた．海水は濃厚溶液であるから，複雑で当然である．しかし，こうして表で一覧できることに感激した．

水素イオン濃度 (pH)

　水は水中でわずかに電離する．水素イオン hydrogen ion (H$^+$) はすぐに水分子とくっついて，ヒドロニウムイオン hydronium ion (H$_3$O$^+$) になる．ヒドロニウムイオンは水和した水素イオンである．ヒドロニウムイオン H$_3$O$^+$ は水素イオン H$^+$ と略記されることが多い．

$$H_2O \rightleftarrows H^+ + OH^-$$

$$H^+ + H_2O \rightarrow H_3O^+$$

そして，水素イオンと水酸化物イオン (OH^-) の濃度を掛け算した結果 (積) が一定になる．水温によってその値が決まっている．言い換えると，**水のイオン積**が温度を決めると一定である．これが水溶液論の基本である．

$$[H^+][OH^-] = K_w$$

ここで，K_w は水のイオン積 (ドイツ語で定数 Konstante に下添え字 w が付いている．ドイツ語で水 Wasser を表す) である．$[H^+]$ と $[OH^-]$ は有効濃度すなわち活量が正式だ．希薄溶液では有効濃度は濃度 (分析濃度) に等しい．

> **keyword**
>
> **水のイオン積**: 水溶液中の水素イオン H^+ と水酸化物イオン OH^- の濃度 (単位は mol/L) を掛けた値 (積) のこと．$25^\circ C$ の水溶液のイオン積すなわち $[H^+][OH^-]$ の値は 1.0×10^{-14} である．水温が上がるとこの値は大きくなる ($50^\circ C$ で 5.5×10^{-14})．逆に，水温が下がるとこの値は小さくなる ($0^\circ C$ で 0.11×10^{-14})．

◆奇跡の数値: イオン積

　「水の奇跡」が一つある．それは，$25^\circ C$ でイオン積 K_w が，ちょうど 1.0×10^{-14} というきれいな数値であることだ．$[H_3O^+]$ と $[OH^-]$ の数が 10^{-7} mol/L で同一のとき，水溶液は中性である．

$$[H^+][OH^-] = 1.0 \times 10^{-14} \quad \text{at } 25^\circ C$$

pH の定義は次式である．pH は私が高校生だった頃は「ペーハー」とドイツ語読みだったのに，最近は「ピーエイチ」と英語読みだ．pH は potential (ドイツ語なら Potenz) of hydrogen の略語だ．

$$pH = -\log[H^+]$$

胃の中の pH は 1〜2 である．そのおかげで，腐りかけた食品を食べても，床に落ちたお菓子を拾って食べても菌は胃を通過するうちに死滅する．一方，胃酸過多の人は，塩基性の薬 (制酸剤) を飲んで出過ぎた胃酸を中和することがある．

11

吸着と膜分離の材料

(写真提供: (株) 環境浄化研究所)

水に溶けているイオンや有機化合物の組成や濃度を変えるには，材料やエネルギーが必要となる．イオンや有機化合物を分けたり，捕まえたりする仕組みを実現できる材料の構造を設計する仕事が研究開発の一つである．

無機吸着材 ••

活性炭いろいろ

••

　「現象名」で言うと「吸着」,「抽出」, そして「イオン交換」に使う材料が市販されている. それぞれ「吸着材」,「抽出試薬」, そして「イオン交換体 (イオン交換材料)」が売られている. 吸着材の代表は昔から「活性炭」である.

　私はこれまで 3 種類の活性炭を入手して, 研究に使ったことがある. 残念ながら, 研究成果は出せなかった. 一つは粒状の活性炭. タケダのブランドで「白鷺」(「しらさぎ」と読む) (当時, 武田薬品工業 (株) が製造していた. 現在は, 大阪ガスケミカル (株) に引き継がれている). 黒くて軽く, ゴツゴツした手触りだった. フィリピンやマレーシアのヤシ殻を水蒸気で処理 (業界用語で「賦活」と読んでいる, 活性を賦与したという意味) して内部にたくさんの孔を開けた炭である. 1 g 当たり 1000〜1500 m^2 の表面積をもつ活性炭が多い.

　つぎの一つは真球状の活性炭. 大学院の学生のときに, 指導教員の M 教授が, 呉羽化学工業 (株) (2005 年, (株) クレハに社名変更) の福島県勿来 (「なこそ」と読む) 工場の見学に研究室全員を連れていってくださった. そこで, 重質油の分解装置を見た. その技術から派生して, まん丸くてサイズの揃った活性炭を製造していると説明を受けた.

　その活性炭 (製品名: BAC) を 500 g 程, 提供していただいた. 研究室で床にうっかりこぼしてしまったら, その上に乗った私は足を取られた.「内部に多くの孔が開いていて表面積が大きく, さまざまな有機物が吸着する」真球の活性炭は, お腹のなかで脂肪分を吸着除去し, 便として体外へ排出する医薬品として使用されている. スティック状の袋に入っていて, まん丸いので飲みやすそうだ.

無機吸着材 ••

粉々にならない活性炭の開発

••

　最後の一つは繊維状の活性炭, 正式名「活性炭素繊維」. 電車の車両では, 弁当を食べたり, お茶を飲んだり, おやつを頬張ったりするので, いろんな臭い

がしてくる．一昔前は，たばこも吸えた．やがて喫煙車ができ，そして全車両禁煙車となった．

　車両にはエアコンがついていて空気を循環しながら，臭いを除去する (消臭する) こともしている．粒子状活性炭を使うと，運行距離が増えていくと，車両の揺れによって活性炭の粒同士がぶつかったり，擦れたりして粉が発生する．煎餅の入った袋をゆすると，袋の下隅に煎餅の粉ができるのと同じだ．粉になると空気が通りにくくなる．流通抵抗が高まる．

　そこで登場したのが繊維状活性炭である．活性炭を繊維状にしたのではなく，アクリル繊維やセルロース繊維を炭化して作る．だから，「活性炭繊維」ではなく「活性炭素繊維」という名が付いた．ヤシ殻からつくる粒状の活性炭に比べたら，もちろん高価だ．

◆キムコは絹子

　小学生の頃，家の冷蔵庫の片隅に，薄い黄色をしたプラスチック製の三角柱の箱「キムコ (Kimco)」(1958 年発売) が置いてあった．30 年程前に，浜松町にある，キムコを販売していたアメリカンドラッグコーポレーションという会社を訪問した．当時，消臭材を開発していたので，その PR に行った．しかし，PR は不調に終わった．

　帰り際に「キムコ」の命名の由来を聞いた．すると，「1953 年に，ミス日本の伊藤絹子さんが世界大会で第 3 位に入賞しています．それにあやかって付けた名です．」「ミス日本」のたすきを掛けた伊藤絹子さんが冷蔵庫でニオイを吸い取ってくれている姿を妄想して，しばらく席から立ち上がれなかった．

無機吸着材 •

沈殿が吸着材になる

• •

　初めて自作した吸着材は，硫酸チタン水溶液に水酸化ナトリウム水溶液を添加して沈殿生成させた**含水酸化チタン**であった．

$$\mathrm{Ti(SO_4)_2 + 4\,NaOH \rightleftharpoons Ti(OH)_4 + 2\,Na_2SO_4}$$

チタンの価数が 4+ なので，反応式からすると，水酸化チタン ($\mathrm{Ti(OH)_4}$) がで

きる. 硫酸チタンとアルカリの濃度やアルカリ液の添加のスピードで, 出来上がる**沈殿**の質が異なる. 高速でアルカリ液を添加すると沈殿はフワフワであった. 一方, 低速で添加するとそうではなかった. 含水酸化チタンというのは化学式で表すと $TiO_2 \cdot xH_2O$ で, 沈殿の作り方やその後の洗浄・乾燥法によって式中の x の値が $0 \sim 2$ の範囲に決まった.

海水からウランを捕集するために含水酸化チタンを作った. 出来上がった含水酸化チタンの微粒子は人工海水に溶かしたウランを捕捉した. その後, 捕捉したウランを溶離させようと酸に浸漬したところ, 含水酸化チタンの微粒子の一部が溶けることがわかり, 実験を中断した. 無機化合物の沈殿を吸着材として利用するときには難溶性 (水や酸に対してほとんど溶解しない) 沈殿を作ることが肝要である.

---

keyword

> **含水酸化チタン:** 硫酸チタン $(Ti(SO_4)_2)$ 水溶液にアルカリ (例えば, 水酸化ナトリウム水溶液) を添加して得られる沈殿. 化学式は $TiO_2 \cdot xH_2O$. アルカリの添加の仕方や温度などによって x の値は $0 \sim 2$ の範囲で変化する.
> **沈殿:** 第 8 章「沈殿生成」(p.96) を参照.

高分子吸着材

架橋した高分子鎖の網目にイオン交換基を導入

イオン交換基をもつ高分子鎖は水中で電離して広がる. 高分子鎖が広がる (膨潤する) ことは「溶ける (溶解する)」ことを意味する. 逆に, 広がらないことが「溶けない」ことだ.

水に溶けない高分子吸着材の構造に対して 2 つの設計論がある.「架橋型高分子構造」と「接ぎ木型高分子構造」の作製である. 前者は 80 年程の歴史を有し, 後者はここ 30 年で発展してきた. 順に説明する.

スチレン (St) とジビニルベンゼン (DVB) を混ぜ, 重合させて作った高分子構造が「架橋」型になる. St はベンゼン環にビニル基が 1 つ付いている. 言わば, モノビニルベンゼンである. また, DVB はベンゼン環から 2 つのビニル基が伸びている. 2 種類の**ビニルモノマー** (St と DVB) を混ぜた液中で, ラジカ

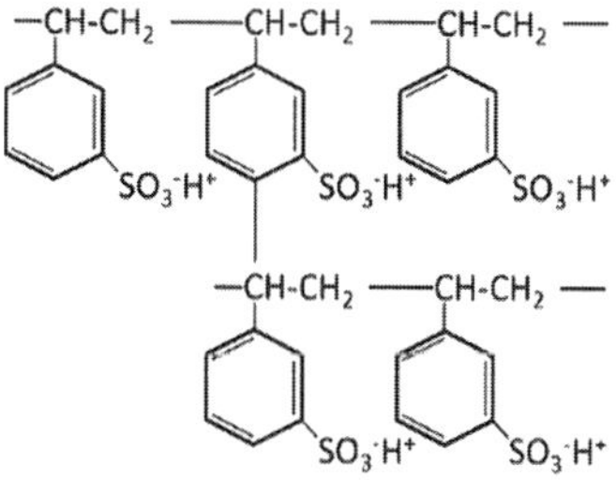

図 11.1 架橋型イオン交換樹脂 (H 形) の構造[1]

ルを与えると，重合が始まって高分子構造が生じる．高分子鎖の間を DVB が跨いでいて (これを「架橋」と呼ぶ)，高分子に網目が形成される．

こうした「架橋」型高分子構造の内部に，イオン交換基，例えば，スルホン酸基 ($-SO_3H$; 図 11.1) やトリメチルアンモニウム塩基 ($-N(CH_3)_3Cl$) が導入され，親水化されても，網目のおかげで，水和して膨らむことはあっても高分子全体は水に溶けない．

> **keyword**
>
> **ビニルモノマー:** ビニル基 ($CH_2=CH-$) をもつ化合物．活性点 (ラジカル) との反応によって重合が開始し，高分子鎖が成長してポリマーができる．

高分子吸着材

接ぎ木した高分子鎖にイオン交換基を導入

イオン交換基のような親水性の官能基を高分子鎖に導入すると，高分子鎖は水中に広がって「溶けた」状態になる．そこで，水に溶けない高分子を「幹木」に選び，その幹木に水に溶ける高分子鎖を「枝木」として接ぎ木 (グラフト) する方法がある．接ぎ木 (「つぎき」と読む) は農業手法の一つで，リンゴやブドウの栽培に採用されている (図 11.2)．寒冷に耐えるリンゴの幹木においしいリンゴのなる枝木を接ぎ木している．また，虫のつきにくいブドウの幹木においしいブドウのなる枝木を接ぎ木している．

リンゴ農家が接ぎ木の作業をするには，幹木の枝を切断するためのノコギリ，おいしいリンゴがなる枝木，切り口に塗る接着剤，そして幹木と枝木をつない

図 11.2　リンゴ生産での接ぎ木

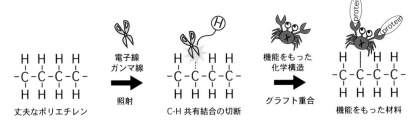

図 11.3　放射線 (電子線やガンマ線) を利用したグラフト (接ぎ木) 重合

で縛る藁が必要だろう．一方，吸着材づくりには，まず，幹ポリマー (例えば，ポリエチレン) にグラフト (接ぎ木) 重合の開始点をつくるために，ポリエチレンの炭素と水素の結合を切断するエネルギーが要る．私たちの研究グループは，この「ノコギリ」として放射線 (電子線やガンマ線) を利用した (図 11.3)[2]．

　放射線の他にも，プラズマ，光，化学薬品を使う手があったが，放射線にした．当時 (1984 年)，「日本原子力研究所高崎研究所 (通称，原研高崎)」(群馬県高崎市綿貫町) の電子線照射施設に，幹ポリマーを持ち込んで，電子線を当ててもらった．グラフト重合の開始点 (「ラジカル」と呼ぶ) をつくるためであった．

高分子吸着材・・・・・・・・・・・・・・・・・・・・・・・・・・・・・

幹ポリマーにラジカルをつくって枝ポリマーを成長させる

・・・・・・・・・・・・・・・・・・・・・・・・・・・・・・・・・・・・・・

　放射線という「ノコギリ」を使ってラジカルをつくれたら，ビニルモノマーと接触させると接ぎ木が始まる．この方法では，枝ポリマーを取り付けるのではなく，ビニルモノマーを重合させて枝ポリマーをつくった．ビニル基は $CH_2=CH-$

と表され，二重結合をもっている．この二重結合が幹ポリマーのラジカルと出合って反応し，新たなラジカルが枝の先端にできる．そこへ新たなビニルモノマーが接触して反応し，新たなラジカルが枝の先端にできる．……この繰り返しで枝は長くなっていく．ビニルモノマーを遮断すると重合反応は止まる．

　ラジカルを介してビニルモノマーが反応して高分子になる反応をラジカル重合と呼ぶ．ラジカル重合は，開始，成長，そして停止という3段階を経る．放射線を当てて幹ポリマーにつくったラジカルから反応が開始し，ラジカル重合という仕組みによって接ぎ木を実施するので，放射線グラフト重合と名付けられている．英語名は radiation-induced graft polymerization だ．放射線というノコギリで引き起こされたラジカル重合の仕組みで進むグラフト重合という意味だ．

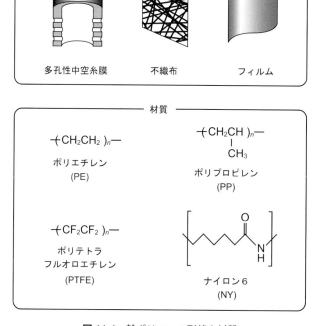

図 11.4　幹ポリマーの形状や材質

枝ポリマーにイオン交換基を導入すると，親水性なので水に溶けて高分子鎖が広がっていく．それでも幹ポリマーが水に溶けないから，全体としては水に溶けない．幹ポリマーは水中で固体の形を保つ役割，一方，枝ポリマーは水中に広がって狙いの物質 (例えば，イオン) を捕まえる役割を担っている．よって，グラフト重合によって作った材料は「役割分担高分子材料」と見なせる

グラフト重合のもう一つの利点は，幹ポリマーの形状や材質を自由に選べることである (図11.4)．形状として，繊維，多孔性中空糸，不織布，多孔性シート，フィルムを選び，イオン交換基をもつ枝ポリマーを接ぎ木できる．用途に合わせたイオン交換体を設計できる．また，使用後の処分まで考慮して，燃えやすい材質の幹ポリマーを選ぶこともできる．

高分子吸着材 ・・

イオン交換繊維とイオン交換膜の作製

・・

身のまわりには多くのポリマーが存在する．材質だけでも，PE (ポリエチレン)，PP (ポリプロピレン)，PSt (ポリスチレン)．これらは正式な名称で呼ばれている．ポリ塩化ビニルは塩ビと略されている．PET (ポリエチレンテレフタレート) は覚えやすいので略号で呼ばれている．テフロン，ナイロン，ビニロンは，開発した会社が登録した商標名で呼ばれている．

これだけ豊富に高分子材料が揃っているから，グラフト重合の出発材料 (基材) に1つ選んできて，接ぎ木によって新しい材料を作製できる．ナイロン繊維を出発材料に選んで，陰イオン交換繊維を作った．そのグラフト高分子鎖の内部で無機化合物 (不溶性フェロシアン化コバルト) の沈殿生成反応を起こして，福島第一原子力発電所の放射性セシウム除去用繊維「不溶性フェロシアン化コバルト担持吸着繊維」を作製し，実用化した実績がある．第8章で紹介済みである．

高分子を形づくる元素は，炭素，水素，酸素，窒素，硫黄，リンであり，その数に限界がある．したがって，狙いの物質を捕まえるための化学構造を設計するうえで制限を受けることもある．そんなときに，無機化合物が作り出す表面や内部空間 (結晶格子内や層間) が役立つ．しかし，無機化合物には，高分子

のように成形が自由でないという欠点がある.

そこで,グラフト高分子鎖を伸立ちにして,高分子と無機化合物の「ハイブリッド」材料を作ったわけだ.その例が「不溶性フェロシアン化コバルト担持吸着繊維」である.

- 幹ポリマー: ナイロン繊維 → 役割: 形状を保持
- 枝ポリマー: 陰イオン交換高分子鎖 → 役割: 沈殿生成反応の場を提供
- 担持無機化合物: 不溶性フェロシアン化コバルト → 役割: 放射性 Cs を吸着除去

吸着繊維は担持物を除いた幹ポリマーと枝ポリマーは高分子製なので,放射性 Cs を捕捉した後,吸着繊維を焼却して容積を減らしてから放射性廃棄物として貯蔵できるという利点もある.

高分子吸着材 •

製塩用イオン交換膜

• •

超高分子量ポリエチレン (UHMWPE, ultra high molecular weight polyethylene) 製フィルムを基材に使って,グラフト高分子鎖をフィルム全体に埋め込んで,そこへ陽イオン交換基や陰イオン交換基を導入して,それぞれナトリウムイオン (Na^+) と塩化物イオン (Cl^-) が通り抜ける路を作った.その通路は UHMWPE からの締め付けが厳しく,出来上がった陽イオン交換膜にも陰イオン交換膜にも水分子が入り込むスペースが少ない.そのため,電気透析装置に組み込んで使うと,水が膜内を移動しない分,NaCl が高濃縮される.公益財団法人塩事業センター海水総合研究所と AGC エンジニアリング (株) が共同開発した.2020 年から,この新規イオン交換膜を使って製造された食塩が食卓に並んでいる.

> **keyword**
>
> **超高分子量ポリエチレン:** ポリエチレンについては第 2 章 (p.17) を参照.普通のポリエチレンの分子量が 2 万〜30 万であるのに対して,超高分子量ポリエチレンの分子量は 100 万〜700 万である.

多孔性膜の作り方: 抽出法と延伸法

●●●●●●●●●●●●●●●●●●●●●●●●●●●●●●●

　海水ウラン捕集の研究で，海水中で溶けたり，壊れたりせずに，しかも酸に浸すと，ウランが外れて，水で洗浄すれば再度，ウランを捕集できる吸着材が必要であった．そのうえ，実用化をめざすので，吸着材の大量製造が必須であった．

　放射線グラフト重合法によって海水ウラン捕集用の吸着材を作ることにした (図 11.5)．その出発材料の材質として「ポリエチレンが最適です」と原研高崎の須郷高信氏から教えてもらっていたので，ポリエチレン製の素材を探していた．35 年前は，現在のように，インターネットで探すと見つかる時代ではなかった．ある学会誌の「トピックス」欄に旭化成工業 (株) (現在，旭化成 (株)) がポリエチレン製多孔性膜を開発したという記事 (1985～1990 年の間) をたまたま見つけた．電話で約束をして，東京日比谷の本社に福田正彦氏を訪ねた．社員食堂の隅でコーヒーを前にして「サンプルをいただきたい」と申し出て，快諾いただいた．

　物理構造が多孔性というので，グラフト重合のときにビニルモノマー液が内部に入りやすいし，吸着材になったときにも海水が内部に入りやすく好都合と

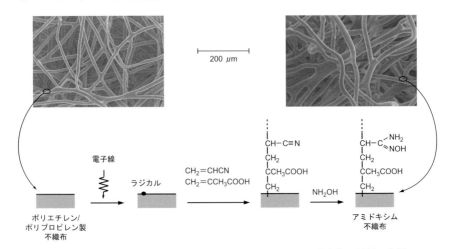

図 11.5　放射線グラフト重合法による海水ウラン捕集用不織布状吸着材の作製

考えた．提供されたポリエチレン製多孔性膜は平膜状で厚さは $100\,\mu m$ であった．「多孔性」という膜では，孔の体積割合 (空孔率) は70%程，孔のサイズは $0.5\,\mu m$，そして孔はスポンジのように連結していた．スーパーの会計後のサッカー台にある包装用ポリエチレンフィルムは透明または半透明のポリマーであるけれども，この膜は多孔性のために白かった．

　高分子合成をそれまで習ったことがなかったので，多孔性膜をどうやって作っているのか，特に孔の開け方に興味をもった．ポリエチレン粒子 (ペレット) は袋入りで売っている．ポリエチレン製多孔性膜の作り方は，いろいろな方法がありうるが，例えば，ポリエチレン粒子に**シリカ** (二酸化ケイ素，SiO_2) 粒子を混ぜて溶融する．溶融体をロールとロールの間に押し出すことによってフィルムに成型して冷やす．その後，アルカリ液を使ってシリカ粒子を溶かし出し，最後に水で洗うという製法である (図 11.6)．

　この「抽出法」と名付けられた製法では，シリカ粒子が抜け出た跡が孔になるから，シリカ粒子の割合が空孔率に，シリカ粒子のサイズが孔のサイズになる．ポリエチレンはアルカリ液で溶けないから，平膜の形状を維持する．スポンジ状の連結した孔を形成するには，シリカ粒子の体積割合を高くして製膜する必要がある．

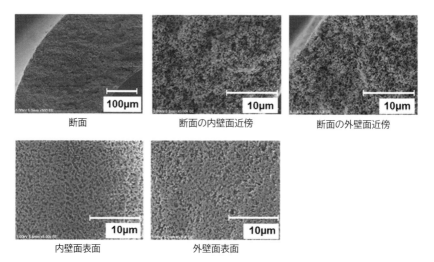

断面　　　　　　断面の内壁面近傍　　　　　断面の外壁面近傍

内壁面表面　　　　　外壁面表面

図 11.6　抽出法で作った多孔性中空糸膜の孔の一例[3]

旭化成 (株) の吉野　彰氏が発明したリチウムイオン電池の**隔膜** (セパレータ) の部材としても，このような平膜状ポリエチレン製多孔性膜が使われている．吉野氏は「リチウムイオン二次電池の開発」によって 2019 年のノーベル化学賞を受賞した．旭化成 (株) は，工業用精密濾過 (MF) 膜として，いろいろな中空糸状のポリエチレン製多孔性膜も製造している．

---

keyword

シリカ：　化学式は SiO_2．SiO_2 でできている物質の総称としても使う用語．非結晶性のシリカには，シリカゲルや珪藻土，一方，結晶性のシリカには石英がある．

隔膜：　異なる液を仕切って隔てる膜．

◆ミクロとは読まない

μは 10^{-6} を指す．μは micro を「ミクロ」と日本語で読むことがある．例えば，私が中学生の頃に見た「ミクロの決死圏」(原題: Fantastic Voyage 「幻想的航海」) というアメリカ SF 映画 (1966 年) があった．また，μm という長さの単位を日本語で「ミクロン」と呼ぶことがある．しかし，英語では「ミクロ」と「ミクロン」ではなく，それぞれ「マイクロ」と「マイクロン」と読む．

多孔性 MF 膜 • • • • • • • • • • • • • • •

家庭用浄水器に利用されている多孔性中空糸膜

• •

ウランが薄い濃度 (3 ppb) で海水に溶存しているので，海水ウラン捕集の実用化には大量の吸着材が必要になる．したがって，吸着材作製のコストは安ければ安いほどよい．抽出法では孔を開けるときにアルカリ液や水を使うので高くつくだろうと心配していた．

三菱レイヨン (株) が市販していた家庭用浄水器 (クリンスイ) には，有機物を吸着除去するための活性炭と菌や鉄錆を濾過除去するためのポリエチレン製多孔性中空糸膜が内蔵されていた．そのポリエチレン製多孔性中空糸膜の作製法を調べてみると「延伸法」と書いてあった．溶融したポリエチレンを中空糸に紡糸するときに，工夫して延伸することによってポリエチレンに空隙をつく

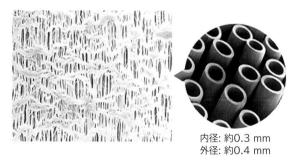

内径: 約0.3 mm
外径: 約0.4 mm

図 11.7　延伸法で作った多孔性中空糸膜の孔の一例[4]

る (図 11.7).

　中空糸膜の全体に空隙をつくるために膜厚は薄くしてあって 55 μm だ (内径 270 μm，外径 380 μm)．空孔率 60％である．中空糸に紡糸する工程ですでに孔が開けられるので，後処理がない分，製造コストを下げられる．だから，家庭用浄水器に利用できるわけだ．三菱レイヨン (株) の本社に大谷武治氏を訪ねて，使い途を説明したら，サンプルを提供してくださった．現在，この中空糸膜のモジュールはメンブレンバイオリアクター (MBR) に組み込まれて大活躍している．

◆多孔性シート

　スポンジは水を吸い込む機能が優れている．しかし，孔が大きすぎて水がポタポタと垂れてくる．そこで，孔が 1 μm 程のポリエチレン製多孔性シート (製品名:MAPS) を (株) イノアックコーポレーションが開発していた．シート状なので厚みが 2 mm 程ある．空孔率 75％．ポリエチレンのペレットに塩 (例えば，粒径の揃った塩化ナトリウム) を混ぜて溶融し，シートに成型し，その後，お湯で洗う．塩が溶けて抜け出た跡が孔になる．これまた「抽出法」である．この方法で出来上がった多孔性シートは相対的に安価である．容器から液体を浸み出させる用途，例えば，キンカン ((株) 金冠堂の虫さされ・かゆみの塗り薬) の先端部，バンテリン液 (興和 (株) の筋肉痛・関節痛の塗り薬) の先端部に利用されたり (図 11.8)，逆に，押して液を染み出させる朱肉に利用されたりしている．

　新しい材料は一人では決して開発できない．当時，旭化成工業 (株) の福田

正彦氏，豊本和雄氏，当時，三菱レイヨン (株) の大谷武治氏，(株) イノアックコーポレーションの山田伸介氏，廣田英幸氏が出発材料を快く提供してくださったから新しい吸着材の開発研究が進んだ．しかも，サンプルをいただくときに，実用化を貫くようにアドバイスを受けた．新しい材料は技術者が工夫を重ねて作製し，コストの低減を図って初めて，私たちの目の前に現れるのである．

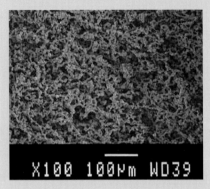 

図 11.8　多孔性シートの孔の走査電子顕微鏡写真と身近な用途 (画像提供: (株) イノアックコーポレーション)

お わ り に

　「吸着」,「吸収」,そして「収着」の区別が少々ややこしい.英語名では,順に adsorption, absorption, そして sorption である.吸着と吸収には,収着 sorption の前に,ad と ab が付いている.固体の表面に「吸われて着く」のが吸着,液体の内部に「吸われて収まる」のが吸収,そして表面にも内部にも「収まって着く」のが収着である.

　私が名付けたわけではないのに,ここまで説明する必要があるのだろうか！なお,収着はあまり使用されない.まさに執着がない.「吸着」,「吸収」ともに現象を表す「現象名」だ.

　吸着材を使って,人間が目的をもって吸着操作をすることになると,用語が具体的になって,「捕集」,「除去」,「回収」,「濃縮」,「精製」になる.海水に微量ながらもウランが溶けていると聞いて,吸着材で採って役立てようというなら「捕集」だ.河川に周辺の工場から誤って有害物質が流れ出たと聞いて,吸着材で取り除こうというなら「除去」だ.金のインゴッド (塊) を製造する工場で排水に金イオンが溶けていると聞いて,もったいないから吸着材で取り戻そうというなら「回収」だ.

　吸着材を使って,液中の狙いの成分の濃度および純度を高めるときには,それぞれ「濃縮」および「精製」と呼ぶ.ここで,吸着材を使う方法 (吸着法) でなくても,こうした目的を達成することはできる.例えば,食塩 (塩化ナトリウム) を製造するには,天然海水を海からポンプで汲み上げて濾過し,電気透析装置で塩の濃度を約 7 倍まで「濃縮」して得た濃縮海水を真空下で水を蒸発させて食塩を析出させている.したがって,「捕集」,「除去」,「回収」,「濃縮」,「精製」は「目的名」である.

　現象名と目的名を相互作用名とともに表 1 にまとめた.また,この本で取り上げた 9 つの「身のまわりの水」に関わる現象名を表 2 にまとめた.表中の○印はその現象に基づく技術が実用化されていることを示し,△印はそうではな

表1 現象名や目的名のまとめ

【現象名】
　吸着 (イオン交換を含む)，吸収，抽出
【目的名】
　捕集，除去，回収，濃縮，精製
【相互作用名】
　静電相互作用 (イオン交換を含む)，キレート形成，共有結合，水素結合，
　疎水性相互作用，アフィニティ，ホスト–ゲスト，サイズ排除

表2 水のまとめ

章		現象名
1	ペットボトルの水	吸着 (△)
2	水道水	吸着 (○)
3	家庭排水	膜分離 (○)
4	超純水	イオン交換 (○)，膜分離 (○)
5	都市鉱山水	抽出 (○)
6	お茶の水	吸着 (△)
7	海水	
	食塩	電気透析 (○)
	ウラン	吸着 (△)
	淡水化	膜分離 (○)
8	原発汚染水	吸着 (○)
9	古代海水 (ヨウ素)	放散と吸収 (○)
	温泉水 (Sc)	吸着 (△)

いことを示す．

　SDGs につながる水の課題に取り組むには，「化学」，「物理学」，「数学」，「地学」，「生物学」を貫く「科学」が必要になる．また，その知識や方法論を社会に実装するのは「科学技術」である．水を使い，作り，そして水と闘う科学を，自宅の本棚や図書館の書架の本に収めるのではなく，身のまわりで意識できるようになることを本書の目標にした．

引 用 文 献

第1章　ペットボトルの水

1) 富士山に降った雨水はどう流れるのか？，地質ニュース，590，31–39 (2003).
2) 石油天然ガス・金属鉱物資源機構 (JOGMEC)，15. バナジウム，鉱物資源マテリアルフロー 2018，pp.219–230 (2009).
3) 室町ケミカル＞イオン交換樹脂総合情報センター＞キレート樹脂
   https://ionexchange-info.com/type/chelate/ (2022.3.28 閲覧)

第2章　水道水

1) 日本イオン交換学会編，図解最先端イオン交換技術のすべて：焼酎からスーパーカミオカンデまで，工業調査会 (2009).

第3章　家庭排水

1) 大阪市＞中浜下水処理場
   https://www.city.osaka.lg.jp/kensetsu/cmsfiles/contents/0000550/550136/facility_layout_Ver2.jpg (2022.3.28 閲覧)
2) K. Ishihara, T. Ueda and N. Nakabayashi, Preparation of phospholipid polymers and their properties as polymer hydrogel membranes, *Polym. J.*, **22**, 355–360 (1990).

第4章　超純水

1) 原子力規制委員会＞原子力発電所の現在の運転状況
   https://www.nsr.go.jp/jimusho/unten_jokyo.html (2022.3.28 閲覧)
2) Protein Data Bank, ID: 7KNS

第6章　お茶の水

1) 川村竜之介，後藤聖太，松浦佑樹，河合 (野間) 繁子，梅野太輔，斎藤恭一，藤原邦夫，須郷高信，矢島由莉佳，木下亜希子，工藤あずさ，日置淳平，若林英行，N–ビニルピロリドン (NVP) グラフト重合繊維を用いた緑茶抽出液中のカテキンの吸着および水酸化ナトリウム水溶液を用いたカテキンの溶出，化学工学論文集，**44**，99–102 (2018).
2) 大森正司，お茶の科学，講談社ブルーバックス (2017).

第7章　海水

1) ナイカイ塩業＞塩事業＞製塩工程
   https://www.naikai.co.jp (2022.3.28 閲覧)
2) 塩事業センター＞塩百科
   https://www.shiojigyo.com/siohyakka/ (2022.2.22 閲覧)

3) 野崎義行, 最新の海水の元素組成表 (1996 年版) とその解説, 日本海水学会誌, **51**, 302–308 (1997).

4) 斎藤恭一, 藤原邦夫, 須郷高信, グラフト重合による高分子吸着材革命, 丸善出版 (2014).

5) さいとう・たかを, 原子養殖, ゴルゴ 13 第 136 巻 (SP コミックス), リイド社 (2005).

第 8 章　原発汚染水

1) K. Watari and M. Izawa, Separation of radiocesium by copper ferrocyanide-anion exchange resin, *J. Nucl. Sci. Technol.*, **2**, 321–322 (1965).

2) 斎藤恭一, 藤原邦夫, 須郷高信, グラフト重合による吸着材開発の物語, 丸善出版 (2019).

3) 後藤聖太, 斎藤恭一, 東京電力福島第一原子力発電所港湾内の汚染海水から放射性物質を除去する吸着繊維の開発 (1) 放射性セシウムの除去, RADIOISOTOPES, **65**, 7–14 (2016).

4) 後藤駿一, 斎藤恭一, 東京電力福島第一原子力発電所港湾内の汚染海水から放射性物質を除去する吸着繊維の開発 (2) 放射性ストロンチウムの除去, RADIOISOTOPES, **65**, 15–22 (2016).

5) Wikipedia > Semiheavy water
https://en.wikipedia.org/wiki/Semiheavy_water (2022.2.22 閲覧)

第 9 章　古代海水

1) ヨウ素学会, 日本にたくさんある資源って何だろう？　それはヨウ素!! (2020).

2) 浅倉　聡, 日本の地下に眠る天然資源ヨウ素, 日本海水学会誌, **74**, 2–26 (2020).

3) 石油天然ガス・金属鉱物資源機構 (JOGMEC), カレントトピックス「オーストラリアのスカンジウム探査プロジェクト」(2016).

第 10 章　水中のイオン

1) 会津東山温泉向瀧＞公式 HP 温泉分析表
https://www.mukaitaki.com/spa/seibun/seibun01.shtml (2022.3.28 閲覧)

第 11 章　吸着と膜分離の材料

1) 室町ケミカル＞イオン交換樹脂総合情報センター＞カチオン樹脂
https://shop.cleansui.com/drink/lecture_001/page_01/ (2022.3.28 閲覧)

2) 斎藤恭一, 藤原邦夫, 須郷高信, グラフト重合による高分子吸着材革命, 丸善出版 (2014).

3) Y. Suga, R. Takagi, H. Matsuyama, Recovery of valuable solutes from organic solvent/water mixtures via direct contact membrane distillation (DCMD) as a non-heated process, *Membranes*, **11**, 559 (2021).

4) 三菱ケミカルクリンスイ＞クリンスイの歴史 その 1　中空糸膜フィルター開発
https://shop.cleansui.com/drink/lecture_001/page_01/ (2022.3.28 閲覧)

索　　引

著者略歴

斎藤 恭一
さい とうきょういち

1953 年　埼玉県に生まれる

1982 年　東京大学大学院工学系研究科化学工学専攻博士課程修了
　　　　　東京大学助手，講師，助教授，千葉大学助教授，教授を経て

現　在　早稲田大学理工学術院客員教授
　　　　　千葉大学名誉教授

身のまわりの水のはなし　　　　　　定価はカバーに表示

2022 年 8 月 1 日　初版第 1 刷

著 者　斎　藤　恭　一

発行者　朝　倉　誠　造

発行所　株式会社 朝　倉　書　店

東京都新宿区新小川町 6-29
郵 便 番 号　162-8707
電　話　03(3260)0141
Ｆ Ａ Ｘ　03(3260)0180
https://www.asakura.co.jp

〈検印省略〉

シナノ印刷・渡辺製本

ISBN 978-4-254-14110-8　C 3043　　　　Printed in Japan

リードイン 太田真智子・前千葉大 斎藤恭一 著

理系英語で使える 強力動詞 60

10266-6 C3040　　　　A 5 判 176頁 本体2300円

受験英語から脱皮し，理系らしい英文を書くコツを，精選した重要動詞60を通じて解説．〔内容〕contain／apply／vary／increase／decrease／provide／acquire／create／cause／avoid／describeほか

前千葉大 斎藤恭一・ベンソン華子著

書ける！ 理系英語例文 77

10268-0 C3040　　　　A 5 判 160頁 本体2300円

欧米の教科書を例に，ステップアップで英作文を身につける．演習・コラムも充実．〔内容〕ウルトラ基本セブン表現／短い文(強力動詞を使いこなす)／少し長い文(分詞・不定詞・関係詞)／長い文(接続詞)／徹底演習(穴埋め・作文)

前千葉大 斎藤恭一・千葉大 梅野太輔著

アブストラクトで学ぶ 理系英語 構造図解50

10276-5 C3040　　　　A 5 判 160頁 本体2300円

英語論文のアブストラクトで英文読解を練習．正確に解釈できるように文の構造を図にしてわかりやすく解説．強力動詞・コロケーションなど，理系なら押さえておきたい重要語句も丁寧に紹介した．研究室配属後にまず読みたい一冊．

前千葉大 斎藤恭一著

数学で学ぶ化学工学 11 話

25035-0 C3058　　　　A 5 判 176頁 本体2800円

化学工学特有の数理的思考法のコツをユニークなイラストとともに初心者へ解説〔内容〕化学工学の考え方と数学／微分と積分／ラプラス変換／フラックス／収支式／スカラーとベクトル／1階常微分方程式／2階常微分方程式／偏微分方程式／他

Fournier, R. L. 著　　早稲田大学 酒井清孝監訳

生 体 内 移 動 論

25043-5 C3058　　　　A 5 判 756頁 本体15000円

定評ある"Basic Transport Phenomena in Biomedical Engineering"第4版の翻訳．医工学で重要な生体内での移動現象を具体例を用いて基礎から丁寧に解説．〔内容〕熱力学／体液の物性／物質移動／酸素の移動／薬物動態／体外装置／他

農研機構 林健太郎・北大 柴田英昭・農工大 梅澤 有編著

図説 窒 素 と 環 境 の 科 学

18057-2 C3040　　　　B 5 判 192頁 本体4500円

様々な分野で扱われる窒素を，環境・食料・資源・エネルギーといった観点から，体系的かつビジュアルに解説．〔内容〕つながりを知る総論／現状の理解に向けた各論(エネルギー・農業・生活・生態系など)／世界の取組みと日本の将来

(公社)日本水環境学会編

水 環 境 の 事 典

18056-5 C3540　　　　A 5 判 640頁 本体16000円

各項目2-4頁で簡潔に解説．広範かつ細分化された水環境研究，歴史を俯瞰，未来につなぐ．〔内容〕【水環境の歴史】公害，環境問題，持続可能な開発，【水環境をめぐる知と技術の進化と展望】管理，分析(対象，前処理，機器など)，資源(地球，食料生産，生活，産業，代替水源など)，水処理(保全，下廃水，修復など)，【広がる水環境の知と技術】水循環・気候変動，災害，食料・エネルギー，都市代謝系，生物多様性・景観，教育・国際貢献，フューチャー・デザイン

日大 山川修治・駒澤大 江口 卓・他7名

図説 世 界 の 気 候 事 典

16132-8 C3544　　　　B 5 判 448頁 本体14000円

新気候値(1991～2020年)による世界各地の気象・気候情報を天気図類等を用いてビジュアルに解説．〔内容〕グローバル編(世界の平均的気候分布／大気内自然変動／他)，地域編(それぞれ気候環境／植生分布／異常気象他：東アジア・南アジア・西アジア・アフリカ・ヨーロッパ・北米・中米・南米・オセアニア・極・海洋)，産業・文化・エネルギー編(農林業・水産業・文明・文化／他)，第四紀編(第四紀の気候環境／小氷期／現代の大気環境)，付録．